新 ビジネス・スタティスティクス
New Business Statistics

藤江　昌嗣　著

冨山房インターナショナル

はしがき

　本書は統計学を初めて学ぶ人あるいは記憶の中から統計的知識を引き出したい人を対象に書かれたものである。本書の著者は，この半世紀の間に丁度，三世代を跨ぐ教育者，研究者として，また第二世代から第三世代にかけての，そして第三世代の教育者，研究者として，情報・システム論，統計学，経営学，経済学を学び，研究してきた。言うまでもなく，この間のコンピュータの発達は，情報理論や統計学のそれぞれの発展に影響を与えるとともに，情報処理と統計学の境界を融合させる作用をももっていた。こうした，教育・研究環境の推移の中で，著者達が見失わないように，また，見落とさないように心がけてきたことは，情報理論や統計学の本質的な特徴であり，コンピュータ，ソフトウェアさらに統計的手法という道具の正しい使い方であった。道具の容易さに自らの解釈や思考を安易に同期化させず，謂わば自らを「思考停止」には陥らせないということでもあったように思う。道具・手法を積極的に用いながらも，情報，情報技術ＩＴ，統計理論，手法の性質を踏まえた上で，それを超えた用い方・解釈に警鐘を鳴らすことが，その正しい用い方につながっていくという姿勢である。こうした点を強調することは現在の情報・統計環境においては，一層の重要性をもつといえよう。本書における基本的部分の強調はこうした著者の思考のあり様を反映したものである。

　そのために著者が自然にとってきた姿勢は多くのことに関心をもち，情報のネットワークを作り上げるというものであった。

　本書『新ビジネス・スタティスティクス』は，旧著『エッセンシャル・ビジネス・スタティスティクス』（梓出版社）をベースに，経営・経済・ヘルス・サイエンス分野のデータを数多く用いながら，統計的手法の基本を学び，思い起こしてもらうことを企図したものである。加えて，情報技術ＩＴ自体

を冷静に考える論考も示しておいた。「基本に帰り，軸をぶらさない道具に精通した情報・統計の利用者になること」。このモデルに読者が近づいていくことに些かでも貢献できれば，それは著者の望外の喜びである。

　末尾になるが，本書の刊行にあたり，筆者のわがままを受け入れていただいた冨山房インターナショナルの会長坂本嘉廣氏，社長坂本喜杏氏，編集の新井正光氏に心より感謝申し上げます。

　　　　　　　　　　　　　　　　　　　　　　　　　　藤江昌嗣

目　次

はしがき

序　章　コミュニケーションとしての統計学 …………………………… 3
　0.1　統計とは何か？　3
　0.2　ビジネス・スタティスティクス　4
　0.3　ネットワーク化された社会と統計学　4

第1章　データの種類とその記述 ………………………………………… 7
　1.1　データの種類　7
　1.2　データの記述　9

第2章　分布の中心—代表値 …………………………………………… 19
　2.1　最頻値　19
　2.2　中央値　20
　2.3　分位点　20
　2.4　算術平均　22
　2.5　調和平均　26
　2.6　幾何平均　26
　2.7　平方平均　28
　2.8　切り落し平均　29
　2.9　最頻値 M_o, 中央値 M_d, 算術平均 M_A の関係　30
　2.10　移動平均　31

第3章　分布の広がりの測度—散布度 ………………………………… 33
　3.1　範囲　33
　3.2　四分位範囲　34

- 3.3 平均偏差　35
- 3.4 分散と標準偏差　35
- 3.5 変動係数　38
- 3.6 標準化変量　39
- 3.7 3シグマ（3σ）のルール　40
- 3.8 A Box and Whisker Plot　41

第4章　比率・指数・変化率・寄与度・寄与率……………43

- 4.1 比率と割合　43
- 4.2 指　数　43
- 4.3 循環図　53
- 4.4 変化率　54
- 4.5 寄与度・寄与率　57

第5章　関連係数と相関係数……………………………………63

- 5.1 分割表　63
- 5.2 関連係数　63
- 5.3 相関分析　65
- 5.4 散布図　66
- 5.5 相関係数の計算　67
- 5.6 時差相関係数　72
- 5.7 スピアマンの順位相関係数　73

第6章　確率とは何か？………………………………………77

- 6.1 2つの確率概念　77
- 6.2 確率の公理　78
- 6.3 加法定理，条件付確率，乗法定理　79
- 6.4 ベイズの定理　83

第7章　確率分布…………………………………………………87

- 7.1 確率変数と確率分布　87
- 7.2 一様分布　88

7.3　ベルヌーイ分布と二項分布　　88
　　7.4　ポアソン分布　　90
　　7.5　超幾何分布　　91
　　7.6　正規分布　　92

第8章　標本分布 …………………………………………………… 97
　　8.1　母集団と標本　　97
　　8.2　標本の抽出法　　99
　　8.3　標本分布　　100
　　8.4　標本平均の分布　　100
　　8.5　中心極限定理　　101
　　8.6　標本比率の分布　　102
　　8.7　χ^2 分布　　103
　　8.8　t 分布　　104
　　8.9　F 分布　　105

第9章　推定—統計的推論（1）…………………………………… 107
　　9.1　区間推定　　107
　　9.2　平均値の区間推定　　110
　　9.3　比率の区間推定　　112
　　9.4　区間推定と標本数　　113
　　9.5　点推定　　114

第10章　検定—統計的推論（2）…………………………………… 117
　　10.1　仮説検定　　117
　　10.2　2種類の過誤　　118
　　10.3　棄却域と仮説　　119
　　10.4　仮説検定の手順　　121
　　10.5　平均値の検定　　122
　　10.6　平均値の差の検定　　123
　　10.7　比率に関する検定　　125

10.8 　独立性の検定—分割表の検定　127
 10.9 　適合度の検定　127
 10.10　相関係数の検定　129
 10.11　分散に関する検定　129
 10.12　分散分析　131

第11章　回帰分析……………………………………………………… 133
 11.1 　単回帰分析　133
 11.2 　決定係数　137
 11.3 　回帰係数の推定と検定　138
 11.4 　重回帰分析モデル　139
 11.5 　重回帰式　140
 11.6 　重回帰分析と統計的検定　142
 11.7 　コンピュータによる出力結果　143
 11.8 　ダミー変数　149

おわりに——IT時代の統計的分析の秘訣——……………………………… 151
付表一覧………………………………………………………………… 153
索　引…………………………………………………………………… 164

新 ビジネス・スタティスティクス
New Business Statistics

序章　コミュニケーションとしての統計学

0.1　統計とは何か？

「統計とは何か？」と問われたときに，私たちは何を連想するであろうか？
図や表を連想する人もいれば，サイコロ投げのような確率的な考えを思い起こす人もいるであろうし，スポーツ選手の成績を思い浮かべる人も少なくはないであろう。

実は**統計** *Statistics*（ドイツ語の *Statistik*）という言葉は，「〜の状態・関係・立場であること」，「情勢」あるいは「（事物の）状態」を意味するラテン語の *stare* から生まれたもので，**統計**のそもそもの意味は，「事物の状態を私たちに教えてくれる」といったものであるらしい。古代国家の人口や生産物（地理的・地誌的データ）に関する**情報** *Information* は，税の徴収や徴兵を考える基礎となる**データ** *Data* であり，自国はもちろんのこと，他国についての関心も為政者には決して低くはなかったことであろう。

もっともこの場合，「事物の状態」とは，主に「社会の状態」を意味していたのであり，現在では，「自然（生態系等を含む環境）の状態」も積極的に含まれてきているのが，大きな相違点であろう。「事物の状態」を記述する統計は，明確な定義による**信頼性**と厳密な調査・観察による**正確性**が要求されることは言うまでもない。いわゆるドイツ官房学の流れに沿う官庁統計はこうした信頼性と正確性に向き合いながら，作成されてきたのであり，すべてを調べる（悉皆調査，全数調査）ことが基本的考えとして位置づけられていた。

また，統計が観察，計測，評価といったプロセスで獲得された最終数値であるとした場合，こうした最終数値である統計をどのように獲得するのか，

すなわち，すべてを調べるのか，あるいは，一部（**標本**と呼ばれる）を調べ，全体（**母集団**と呼ばれる）を推測するのか——言い換えれば，判断にどのように用いるのか（統計的推測）といった「統計的方法」を考えることも，統計の研究（統計学）に含まれることになり，とりわけ19世紀以降「統計学」は，こうした内容に研究の重点が置かれてきたといえよう。

0.2　ビジネス・スタティスティクス

　ビジネスにおける統計（ビジネス・スタティスティクス）は，経営管理上の意思決定プロセスへの一般的助けとなる。ここでも，統計学は，最終数値としては意思決定の判断材料として，また，統計的方法としては，意思決定の判断基準（考え方の枠組み）として役立つことになる。

　もっとも，日常生活では言うまでもなく，ビジネスにおいても**情報** *Information* は，必ずしも数値として存在しているわけではない。数値化されていない情報と数値化されている情報（統計，データ）を目的（分析・解釈・評価・予測等）のために，いかに上手く活用していくのかという問題は，統計学を超えた問題なのかもしれない。そのことは「賢明な判断が常に統計的判断ではないこと」を思い浮かべることで了解しうるであろう。

　統計的方法は，会計・財務・マーケティング・経済学・生産管理・工程管理そして管理一般を含むすべての重要なビジネスの領域で生ずる疑問に答えるためにも適用されるのである。

0.3　ネットワーク化された社会と統計学

　コンピュータの発達とオンライン化・ネットワーク化の進展は，情報・データ・統計の区別を考える時間を省略し，すべてが情報として利用可能なものになってしまった観がないわけでもない。コンピュータの端末が機能していることを前提とすれば，統計は「調査」はもちろんのこと，業務上の記録の「集計」（POS 販売時点管理法）といった形でも容易に「収集」される

のであり，目的に応じて，低コストで，さまざまなデータが，獲得可能になってきているのである。

ネットワーク化された社会は，次のような課題を私たちに突きつけているように思われる。

① 必要な情報が適切な主体から必要な形で報告され，また，必要な主体に伝えられているのかという情報の収集・伝達における質の管理に関わる問題が重要となること
② ①に関連するが，最初にインプットされた情報・記録が決定的な意味を持つこと—その修正が行き届くには，大きなコストがかかる
③ 統計・情報や統計的方法ひいては情報処理についての分かりやすく・正確な説明者・相談者（コンサルタント）の必要性—ビジネスの世界はもちろんのこと，市民・非営利組織（NPO 等）・行政においても
④ 統計・情報の調査・作成・公表・利用における協同のパートナーとしての市民・非営利組織（NPO 等）・行政・企業間のコミュニケーション関係の重要性の増大—統計・情報はもはや，主体・客体といった縦の関係ではなく，主体間の横の関係の中で生み出され，利用されていくのであり，コミュニケーション関係の在りようが統計・情報の信頼性・正確性に大きな影響を与えていくのである

本書は，こうした問題意識の下，統計・統計的方法もしくは統計的なものの見方・考え方について説明を行っていくことにする。

表 0-1 計測における基本用語

用 語		値
nano	ナ ノ	1/1,000,000,000
micro	ミクロ	1/1,000,000
milli	ミ リ	1/1,000
centi	センチ	1/100
deci	デ シ	1/10
zero	ゼ ロ	0
deca	デ カ	10
hecto	ヘクト	100
kilo	キ ロ	1,000
mega	メ ガ	1,000,000
giga	ギ ガ	1,000,000,000

なお計測における基本用語は表 0-1 の通りであり，本書中に頻出する，和の計算記号 $\sum_{i=1}^{n}$ は断りのない限り $\sum$ と略して表す。

第1章 データの種類とその記述

1.1 データの種類

データもしくは情報は、統計的方法を用いる対象であるが、その性質により用いる統計的手法が異なってくる。その性質とは、たとえば、悉皆調査もしくは大量観察により得られたデータなのか、標本（サンプル）により得られたデータなのかという相違であり、調査・観察・実験といった相違等である。しかしながら、データそのものに深く関係した性質としては、質的なものなのか、量的なものなのかという相違をあげることが適切である。

質的データとは、数値ではなく、言葉・語句で表現されているデータであり、たとえば、男女といった性差、また、東京、北京、ソウルなどの都市名、日本語、ハングル語、北京語、英語、フランス語、スペイン語等の言語名、あるいは、頭、胸、腹、足などの体の部位名、さらには赤、青、黄色、白、緑などの色、そして統計学、経済学、経営学、公共経営学、会計学等の授業科目名などは質的なデータである。

また、**量的データ**とは、長さ、高さ、重さ、年齢、温度、試験の得点などデータそのものが、それぞれの単位に基づいて数値的な表現となっているものである。

こうしたデータは、尺度構造によって、名義尺度、順位尺度、間隔尺度、比率尺度の4つに分けることができる（表1-1参照）。こうした尺度の違いは、図表による表現の相違にも関係していることにも注意が必要である。

1.1.1 名義尺度

名義尺度 *Nominal scale* とは，変数についての特性（分類項目）が同一であることすなわち同一性（同質性）を示し，ある観測（観察）対象がどのカテゴリーに入るのかを示すものである。名義尺度のデータは *Nominal data*（*Frequency data*）と呼ばれ，各分類項目に対して番号をつける（付番する）こともできるが，その場合でも，分類項目間での番号の順序，間隔，比率などは意味を持たない。

1.1.2 順位尺度

順位尺度 *Ordinal scale* は，名義尺度のもつ分類項目の同質性を示しつつ，序数化された数値が一定の順序，序列，大小や長短関係などを表現するもので，順位尺度のデータは *Ordering*, *Ranked data* と呼ばれる。スポーツやさまざまなコンテストの結果は1，2，3…といった序数的な順位の形をとるし，街路の番号，症状の重さ（介護保険やさまざまな障害の程度等），十分位や五分位といった所得階層の区分，さらには，五段階評価・十段階評価などの成績評価などがこれに該当する。

1.1.3 間隔尺度

間隔尺度 *Interval scale* は，一定の間隔を保持するという特徴をもち，順位尺度のもつ順序，序列，大小関係などを示すとともにそれに欠けていた2つの数値間の間隔や差についての情報を示す尺度である。例えば，温度，時刻（暦）などが代表例となる。すなわち，摂氏30℃は，摂氏20℃よりも暑い状態を示している。午後9時は午後3時よりも時間が経過した（遅い）ことを示している。

しかしながら，私たちは，「摂氏30℃が摂氏20℃の1.5倍暑い」とは言わないし，「午後9時が午後3時の3倍遅い」とは言わない。それは何故であろうか？ それは，間隔尺度では，原点の意味が不明確で，便宜的なことから生じているのである。「摂氏0℃」は，「温度がないこと」を意味しないし，「午後0時」は「時間がないこと」を意味しないのである。

こうした倍数や比率をとることが意味をもつ尺度とは，原点の意味が明確な尺度であり，それは比率尺度と呼ばれる。

1.1.4 比率尺度

比率尺度 *Ratio scale* は，原点（ゼロ，0）が明確な具体的意味—あるいは「真の原点」—をもつもので，生産・出荷・在庫などの量や額，費用や利益の水準やその伸び率，さらには長さ，高さ，重さ，密度，労働時間，人口，ある年齢層（高齢者等）人数，特定の病気の罹患者数，特定の症状や改善を示す兆候・行動（発話数など）の数，電力・ガス・水道などの使用量や使用額などなど多くのデータをあげることができる。100kwは50kwの2倍であり，100％多い量であり，100人は25人の4倍であり，300％多い数なのである。

これらの尺度の構成（尺度構造）と特性を一覧表に示したものが表1-1である。

表 1-1　計測の水準

計測の水準　　　　　尺度 操作特性	名義尺度	順位尺度	間隔尺度	比率尺度
1. 分　類	○	○	○	○
2. 順位付け	×	○	○	○
3. 距　離	×	×	○	○
4. 原　点	×	×	×	○

この方向で情報量は増加 →
← この方向で情報は変換可能

注：○は操作が適用可能であること，また×は適用不可能であることを示す。

1.2　データの記述

以上見てきた4つの尺度をもつデータは，どのように表現されるのであろうか？　統計学では，こうした表現に関する知識を**記述統計**と呼んでいる。以下では，度数分布表，柱状グラフ（ヒストグラム），デジタルグラフ，折

れ線グラフ，棒グラフ，円グラフ，積み重ねグラフなどについて説明をしていく。マイクロソフト社の EXCEL を用いると，入手したデータに関して以上のような表やグラフを—3次元の場合なども含めて多様な形で—パソコン上の操作でほぼ作成することができる。とても便利になったが，実は，アメリカでは，小学校や中学の生徒がパソコンでこの記述統計的部分を勉強している。

時に，私たちがデータに基づいてグラフや表を作成する目的は，自らの強調したい点をビジュアルに相手に伝えるためである。そのために一定程度図表作成において正確性を犠牲にすることもあるかも知れない。いや，それどころか，市販のソフト自体がこうした欠点（利点）を含みつつプログラムされていることも知っておかなければ，正しい統計的知識を利用することにはならない。以下の説明は統計に騙されないためにも必要な知識なのである。

1.2.1 度数分布表 Frequency table

計測されたデータは特定の範囲をとるが，この範囲内でのデータの散らばり具合を**分布 Distribution** という。ここでは，計量データの分布に関して，分類や度数分布表，グラフなどの作成について説明を加えていくことにする。

先ずは，**データ総数** N を確認する。それが終わったら，データの中の**最大値**（Max）と**最小値**（Min）を見つける。この最大値（Max）と最小値（Min）の差は，**範囲 Range（$R=Max-Min$）** と呼ばれている。この際，データを大きさの順に並べ替えると以下の作業が大変容易になる。大きい方から順に並べることを降順，小さい方から順に並べることを昇順という（表1-2参照）。その他，名義尺度の場合には，アルファベット順（その逆）やイロハ順（その逆）もある。

計量データに関して作成された度数分布表では，名義尺度での分類項目に相当する各範囲は**クラス Class** もしくは**階級，級**と呼ばれる。また，一つのクラスの中の**最大値**（級上限）と**最小値**（級下限）の差であるクラスの幅は**級間隔 Class interval** と呼ばれ，また，クラスの真ん中の値である中央値は**階級値**もしくは**級心 Class mark** と呼ばれる。

表 1-2　水稲の作況指数（平年作＝100）

都道府県順

全国	80
北海道	46
青森	32
岩手	42
宮城	44
秋田	83
山形	84
福島	67
茨城	92
栃木	90
群馬	91
埼玉	98
千葉	91
東京	95
神奈川	98
新潟	94
富山	91
石川	91
福井	91
山梨	90
長野	89
岐阜	93
静岡	98
愛知	97
三重	91
滋賀	94
京都	95
大阪	97
兵庫	95
奈良	97
和歌山	97
鳥取	91
島根	85
岡山	92
広島	91
山口	85
徳島	91
香川	92
愛媛	92
高知	93
福岡	90
佐賀	88
長崎	88
熊本	89
大分	88
宮崎	85
鹿児島	82
沖縄	103

降順

全国	80
沖縄	103
埼玉	98
神奈川	98
静岡	98
愛知	97
大阪	97
奈良	97
和歌山	97
東京	95
京都	95
兵庫	95
新潟	94
滋賀	94
岐阜	93
高知	93
茨城	92
岡山	92
香川	92
愛媛	92
群馬	91
千葉	91
富山	91
石川	91
福井	91
三重	91
鳥取	91
広島	91
徳島	91
栃木	90
山梨	90
福岡	90
長野	89
熊本	89
佐賀	88
長崎	88
大分	88
島根	85
山口	85
宮崎	85
山形	84
秋田	83
鹿児島	82
福島	67
北海道	46
宮城	44
岩手	42
青森	32

（注）　1993年9月15日時点

これらの作成手順は次のⅠ～Ⅱのとおりである。

Ⅰ．量的データの場合には，理論仮説などに基づき，クラスの数を適切に定め，また，級間隔も均一に定めること。このとき，級限界（級上限と級下限）を明確に定めておくことが大切である。

クラスの数 m（クラス数）については，一般に5～20位とされているが，実は，特別な決まりはない。クラス数が多いほど，原データのもっている情報量を失わずにすむが，かといって各クラスにわずかのデータしか含まれないのでは，クラスを作る意味がなくなる。各自が分析目的に応じて，意味ある分布の形を作り出せる数が適当ということになる。

もっとも，便宜的なものであるが，データ総数 N を用いて，その平方根 $\sqrt{N}$ をクラス数としたり，次のようなスタージスの「公式」もあるので，示しておくことにする。

スタージスの「公式」

$$m = 1 + \log N / \log 2 = 1 + 3.32 \log N \tag{1.1}$$

Ⅱ．クラス数 m が任意に定まれば，範囲 R を使って，以下の式により，級間隔 i の目安となる値が得られる。

$$級間隔\ i = 範囲\ R / クラス数\ m \tag{1.2}$$

この際，クラス内に度数の集中する点（値）がある場合には，その点

表1-3 作況指数の度数分布表

クラス	度　数	相対度数(%)	累積度数	累積相対度数(%)
30～ 39	1	2.1	1	2.1
40～ 49	3	6.4	4	8.5
50～ 59	0	0.0	4	8.5
60～ 69	1	2.1	5	10.6
70～ 79	0	0.0	5	10.6
80～ 89	11	23.4	16	34.0
90～ 99	30	63.9	46	97.9
100～109	1	2.1	47	100.0
計	47	100.0	—	—

(値) が級心になるようにするのも一つの方法である。

度数分布表において，各クラスに含まれるデータ数を**度数**（**頻度** *Frequency*）と呼び，総データ数に対する各クラスの度数の割合（百分率%）を**相対度数**（**相対頻度** *Relative frequency*），また，各クラスまでの度数の累計を**累積度数**（*Cumulative frequency*），さらに総データ数に対する各クラスの累積度数の割合（百分率%）を**累積相対度数**（**累積相対頻度** *Relative cumulative frequency*）と呼ぶ（表1-3参照）。

1.2.2 柱状グラフ（ヒストグラム）

柱状グラフ（**ヒストグラム** *Histgram*）は，度数分布表を基に，度数を柱の高さ（**正確には面積**）で表現したものである。数字で示された場合よりも，クラスによる度数の違いや全体の分布の状況が手にとるようにわかるという点が特徴である。このグラフは，縦軸に度数や相対度数を，また，横軸にクラスをとることで，簡単に作成できる。ただし，クラスに入るデータの数が，分布の中心から外れるほど少なくなるという一般的特徴から，こうした裾野のクラス幅が大きくとられることもある。この場合，柱の作成を工夫する必要があるので，以下では 1) クラス幅が同一の場合と 2) クラス幅が同一間隔でない場合に分けて説明をしておくことにする。

1) クラス幅が同一の場合

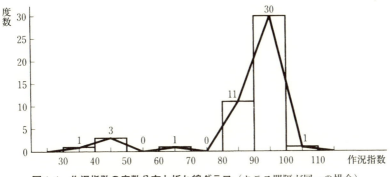

図1-1 作況指数の度数分布と折れ線グラフ（クラス間隔が同一の場合）

クラス幅が同一の場合には，縦軸の度数目盛りにしたがって各クラスの度数を高さで示せばよい（図1-1参照）。

2）クラス幅が同一でない場合

クラス幅が同一でない場合には，各クラスの柱の面積を同一に保つことがポイントとなる。すなわち，クラス幅を h 倍した時には，柱の高さを $1/h$ にしなければならない。たとえば，クラス幅を2倍にしたいときには，高さ（度数）を $1/2$ にしなければならないのである（図1-2参照）。

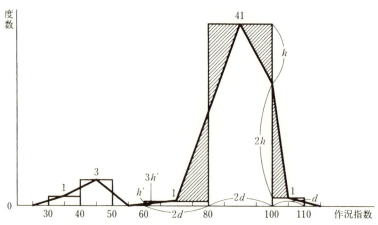

図1-2 作況指数の度数分布と折れ線グラフ（クラス間隔が同一でない場合）

1.2.3 折れ線グラフ Polygon

折れ線グラフ Polygon は，一般に点で示されたデータの水準 *level* を線で結ぶことにより得られるが，度数分布表で得られた相対度数や累積相対度数などの分布を示すとともに時系列データの場合にはその時間的変化（推移）を示してもくれる。

ただし，累積相対度数の場合には，各クラスの上側の境界値 *upper limit* を結ばなければならない（図1-3参照）。ヒストグラムは，相対度数が，柱内の面積の全体の面積に対する相対比として保持されるように作成しなければならないからである。

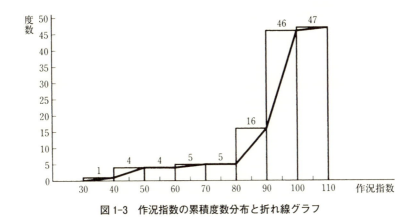

図 1-3 作況指数の累積度数分布と折れ線グラフ

　ヒストグラムの作成において用いられたクラス幅が同一の場合と同一でない場合という2つのケースにしたがって，折れ線グラフも異なる作成方法が用いられる。

　1) クラス幅が同一の場合

　折れ線グラフを書くには，各クラスの中央値（級心）を結んでいけばよい。また，両端のクラスの場合には，その外側に同一のクラス幅をもつクラスを想定し，その級心を線で結べばよい。オープンエンドのクラス（片方の開いたクラス）の場合も，同様の扱いでよい（図 1-1 参照）。

　2) クラス幅が同一でない場合

　クラス幅が同一でない場合も級心を線でつないでいくことは同じである。ただし，隣り合うクラスの幅が異なるときには，隣り合う柱の幅の比を用いて，接する柱を横切る点を見つけなければならない。すなわち，柱の高さの比を調節しなければならないが，折れ線の柱の面積を同一に保つことがポイントとなる（図 1-2 参照）。

1.2.4　デジタルグラフ Digital graph

　デジタルグラフ Digital graph は，データを10の位や100の位といったレベルで，0から9までの値でクラスを設定し，そのクラスに含まれるデータの数値を書き込んでいくことで作成できる。同じクラスに含まれる数値の数

が高さとなって表現でき，定規やパソコンなしで，簡単に棒グラフ風のグラフが作成できる非常に便利なものである（表1-4参照）。

表1-4　デジタルグラフ

0	12345
1	2344567
2	3457789
3	2334466899
4	234455667788999
5	34555667
6	33344556679
7	12366789
8	1126789
9	13579

1.2.5　棒グラフ Bar graph

棒グラフ Bar graph は，通常，名義尺度や順位尺度をもったデータに対して作成される（図1-4参照）。水準や伸び率などを示す場合によく用いられるが，ヒストグラムとは異なり，面積は問題とならない。棒を横軸で示す場合 *a vertical bar chart* と縦軸で示す場合 *a horizontal bar chart* とがある。

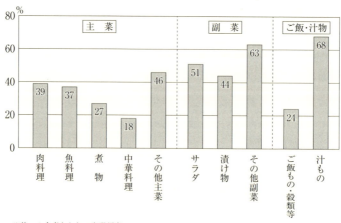

※注　1食卓あたりの出現頻度
　　　（例：同一食卓に3種類の肉料理が出た場合，肉料理1回として算出）

図1-4　食卓に並んだメニューの出現頻度

1.2.6　円グラフ Pie chart

航空事故を専門に追跡する planecrashinfo.com が1950年から2004年までに起った民間航空事故2147件をもとに作った統計によると，事故原因の内訳は表1-5の通りとなっている。

表1-5　事故原因の内訳（planecrashinfo.com）

操縦ミス	37%
原因不明	33%
機械的故障	13%
天候	7%
破壊行為（爆破，ハイジャック，撃墜など）	5%
操縦以外の人為的ミス	4%
その他	1%

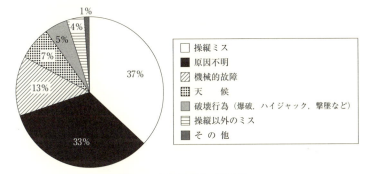

図1-5　事故原因別の円グラフ

また，ボーイング社が行っている航空事故の継続調査[3]によると，1996年から2005年までに起こった民間航空機全損事故183件のうち，原因が判明している134件についての内訳は以下の通りとなっている。

表1-6　事故原因の内訳（ボーイング社）

操縦ミス	55%
機械的故障	17%
天候	13%
その他	7%
不適切な航空管制	5%
不適切な機体整備	3%

（注）操縦ミスは依然として航空事故原因のほぼ半数を占めているが，この数字は1988年～1997年期には70%もあり，過去20年間に着実に改善されてきたことが分かる。

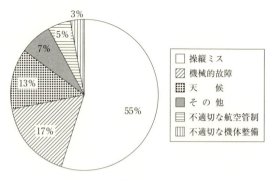

図 1-6　事故原因別の円グラフ

1.2.7　積み重ねグラフ Divided bar graph

積み重ねグラフ Divided bar graph は棒グラフの内部構成をカテゴリー別に示し，なおかつ時系列的推移をみるときに用いられる。棒の高さはデータ総数 n を示し，棒の内部は，カテゴリー別のデータ数を示すとともに，その割合も示し，両方の変化をみることができる（図 1-7 参照）。

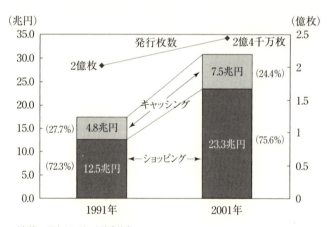

（出所）　日本クレジット産業協会

図 1-7　クレジットカード発行枚数（実数）とクレジットカード信用供与額（推計）

第2章　分布の中心—代表値

　統計データは，基本的に同一地域を対象にした同一時点・異時点に関する測定値の集まりであり，集団としての特性（**集団性**）をもつ．集団性とは，例えば，分布の形や中心といった特徴であり，高頻度のピーク（峰）の数や位置，裾野の拡がりなどである．これらの中でも特に，分布の中心の位置を示す代表値やその代表値からの乖離の程度（広がりの程度）を示す**散布度**（次章で説明する），さらにはデータの非対称性などが重要となる．本章では，代表値として最頻値，中央値，平均値，加重平均値，そして他の諸平均の説明を行うが，分布の中心の位置を示す**代表値**は最頻値，中央値，平均値である．

2.1　最頻値

　データの中で最も頻度の高い値は**最頻値モード Mode** と呼ばれ M_o とも記される．さまざまな尺度を持つデータの場合に最頻値 M_o を見つけることができる．とりわけ，名義尺度のデータの場合，この最頻値 M_o が分布の中心を示すことになる．

　最頻値 M_o が1つの場合を**単峰分布**，2つの場合を**複（双）峰分布**，3つ以上の場合を**多峰分布**という．

　また，度数分布表しか与えられていない場合，最頻値 M_o は一番度数の多いクラスの階央値となるが，それは次の (2.1) 式により計算できる．

$$\text{最頻値 } M_o = (\text{そのクラスの下限値}) + 1/2 \times (\text{クラスの幅}) \qquad (2.1)$$

　ところで，最頻値 M_o は見つけやすいというメリットがある反面，次のようなデメリットもあるので注意が必要である．

①　クラス分けの影響を受けやすいこと

② 2つの異なる標本間での最頻値 M_o の比較は無意味であること
③ 標本数の少ないときには無意味であること
④ 頻度に差がないデータ集団の場合には，特定しにくいこと

ところで，度数の高い最頻値 M_o を代表値とするという考えに関し，医学上の立場から頻度の高さは必ずしも特異性を示さないという主張もあることも知っておこう。

2.2 中央値

順位尺度をもつデータの場合，データをその尺度に基づいて並べ替え—例えば，大きさの順—，データ全体を上下50%に二分する値が**中央値メディアン** Median，M_d である。

データ数 N が与えられている場合，データを大きさの順に並べた後，N が奇数ならば中央値 M_d は $(N+1)/2$ のデータであり，N が偶数なら $N/2$ 番目と $(N+1)/2$ のデータの和の2分の1（算術平均値）である。

中央値 M_d は計算が容易であり，データに含まれる外れ値（*Extraordinary Outliers* 極端に低い値や高い値）に影響されない，安定した値でもある。

では，度数分布表のみが与えられている場合には，どのように中央値 M_d を見つければよいであろうか？

この場合，次の式により計算すればよい。

$$中央値 M_d = (中央値 M_d を含むクラスの下限)$$
$$+ \frac{N/2 - (中央値 M_d を含むクラスまでの累積度数)}{(中央値 M_d を含むクラスの度数)}$$
$$\times (クラスの幅) \qquad (2.2)$$

2.3 分位点

分位点パーセンタイル *Percentile* は，データを大きさの順に並べたとき，

データ総数の1/100の個数ずつを含む区間の境界となる値であり，度数分布においてこの境界値の相対的な位置を示すものとなる．利用者の目的に従って，上側もしくは下側から5％，10％，20％，40％，……，70％，80％，90％等など任意の分位点を考えることができるが，4分の1の位置を示す**四分位点 Quartile**（略して Q），10分の1の位置を示す**十分位点 Decile** がよく用いられる．

> 　一般に，任意の定点 p（$0 < p < 1$）に対して，データを大きさの順に並べたとき，次の2つの要件を満たす値 a を $100p$％分位点と呼ぶ．
> ① a より小さいデータの数がデータ総数に占める割合が $100p$％以下で，
> ② a より大きいデータの数がデータ総数に占める割合が $100(1-p)$％以下であること．
> 　ここに，ある値以下のデータの数がデータ総数に占める割合は累積相対頻度を意味している．

データ数 N が分位点の数 k の倍数になっている場合，$100p$％分位点は，データを k のグループに分けた際の各クラスの上限値と下限値の算術平均値となる．

データ総数 N が k の倍数以外の場合には，累積相対度数が p 以上となるデータのうちで最小の値が，$100p$％分位点となる．

〈例題 2.1〉
　次のケースにおいて，5％分位点，20％分位点，70％分位点を見つけなさい．
　　1, 2, 3, 4, 5, 6, 7, 8, 9, 10, 11, 12, 13, 14, 15, 16, 17, 18, 19, 20, 21　　（$N = 21$）

また，**四分位点 Q** の場合，$p = 0.25$ を満たす点を**第1四分位点 Q_1**，$p = 0.5$ を満たす点を**第2四分位点 Q_2**，$p = 0.75$ を満たす点を**第3四分位点 Q_3** と呼ぶ．四分位点の場合，データ数 N が4の倍数には，第1四分位点 Q_1，第2四分位点 Q_2，第3四分位点 Q_3 は，データを4つのグループに分けた際の各クラスの上限値と下限値の算術平均値となる．

データ総数 N が 4 の倍数以外の場合には，累積相対度数が p 以上となるデータのうち最初の値が，$100p$％分位点となる。

〈例題 2.2〉

次のそれぞれのケースにおいて，第 1 四分位点 Q_1，第 2 四分位点 Q_2，第 3 四分位点 Q_3 を見つけなさい。

(1)　25，26，28，30
(2)　25，26，28，30，38
(3)　25，26，28，28，30，35，36，38
(4)　25，26，28，30，35，36，38，40，60

2.4　算術平均

私たちがよく用いる**平均 Average** にはいくつかのタイプがあるが，最もよく使われるのが**算術平均 Arithmetic mean**，M_A である。算術平均価 M_A は **μ** ミューや **$\bar{x}$** エックス・バーと表現されることもある。

算術平均 M_A，$\bar{x}$ はデータ値の和（**総和**という）をデータ数 **n** で割ることで得られる。

$$\bar{x} = \frac{x_1 + x_2 + x_3 + \cdots\cdots + x_{n-1} + x_n}{n} = \frac{\sum x_i}{n} \tag{2.3}$$

上記の例題 2.2 の (3) の場合，算術平均 $\bar{x}$ は，

$$\bar{x} = (25+26+28+28+30+35+36+38) \div 8 = 246 \div 8 = 30.75$$

となる。

算術平均 M_A はすべてのデータの個別値を用いて計算される場合にはクラス分けの影響を受けにくく，客観性をもつが，外れ値の影響を受けやすいという欠点をもつ。

また，算術平均は各データを同じ重みウェイトで計算するが，各データの重みウェイトを変えて平均を計算する場合があり，これを**加重算術平均 Weighted mean**，**$\bar{x}_w$** と呼ぶ。

加重算術平均 $\bar{x}_w$ は，次式で定義される．

$$\bar{x}_w = \frac{w_1 x_1 + w_2 x_2 + w_3 x_3 + \cdots\cdots + w_{n-1} x_{n-1} + w_n x_n}{w_1 + w_2 + w_3 + \cdots\cdots + w_{n-1} + w_n} = \frac{\sum w_i x_i}{W} \quad (2.4)$$

ここで w は重みウェイトを意味し，分子は

$$w_1 x_1 + w_2 x_2 + w_3 x_3 + \cdots\cdots + w_{n-1} x_{n-1} + w_n x_n$$
$$= w_1 \times x_1 + w_2 \times x_2 + w_3 \times x_3 + \cdots\cdots + w_{n-1} \times x_{n-1} + w_n \times x_n$$

であり，分母 W は，

$$W = w_1 + w_2 + w_3 + \cdots\cdots + w_{n-1} + w_n \quad \text{だから}$$

$$\frac{\sum w_i}{W} = 1.0$$

となる．

例題で考えてみよう．ある大学食堂の3種類のランチ（定食）の価格とある日の販売食数は表2-1の通りである．

このとき，ランチの平均価格を求めてみよう．

表2-1　ランチの価格・食数

	価　格	販売食数
Aランチ	400円	500食
Bランチ	500円	300食
Cランチ	600円	200食

$$\bar{x}_w = \frac{500}{1000} \times 400 + \frac{300}{1000} \times 500 + \frac{200}{1000} \times 600$$
$$= 0.5 \times 400 + 0.3 \times 500 + 0.2 \times 600$$
$$= 470 \ [円/食]$$

となる．価格のみの算術平均 $\bar{x}$ は500円であるから，ここでも算術平均のオーバーシュートぶりがわかる．

度数分布表あるいはヒストグラムを用いた平均値の計算

度数分布表あるいはヒストグラムでデータが与えられている場合には，個別データ値の総和を求めることは出来ない。そこで，以下のような方法で算術平均 M_A 等を計算することになる。

度数分布表あるいはヒストグラムにおいて，各クラスのデータはすべてそのクラスの階級値（階央値）に等しいと見做して計算を行なうのである。すなわち，第 j クラス（$j=1, 2, 3,., k-1, k$）の度数 f_i のデータはそのクラスの階級値（階央値）m_j と等しい見做して処理するのである。ここで，階級値（階央値）m_j は，そのクラスの下限値と上限値の算術平均である。

$$\bar{x}_w = \frac{f_1 m_1 + f_2 m_2 + f_3 m_3 + \cdots\cdots + f_{k-1} m_{k-1} + f_k m_k}{N} = \sum_{j=1}^{k} (f_j/N) m_j \quad (2.5)$$

となり，階級値（階央値）m_j を，謂わば，その度数 f_j で重み付けした加重平均値 $\bar{x}_w$ となる。

ただし，階級値（階央値）m_j が分からないオープンエンドのクラスがある場合には，そのクラスは除いて計算する方がよい。

図 2-1 には，「1日に摂取した平均食品数（個人別）」（1992年）が示されている。当時の厚生省は，身体に必要な栄養素を過不足なく摂取するには「1日30品目」を目標とすべきであるとしていたが，当時の商品科学研究所の調査では，一部アルコール飲料やスナック菓子など嗜好性の強いものを除

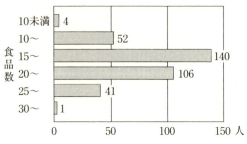

図 2-1　1日に摂取した平均食品数の分布（個人別）

いた結果は，朝食が5.8品目，昼食が5.6品目，夕食でさえ10.2品目にしかなっていなかった。これらから重複分を除くと1日の平均食品数は19.4品目で，「30品目」には遠く及ばなかった。これが当時言われていた「飽食・グルメ時代」の「貧しい食材・食品数」という実態であった。読者のこの1週間の食品数はどうだったであろうか？

また，『国民栄養調査』(1998年度) には，「40歳以下で野菜類の摂取不足」という見出しで，図2-2のような年代別の野菜の摂取量が示されている。野菜については，成人で350gの摂取が望ましいとされているが，男女ともに20～40歳代で300g以下の摂取量にとどまっている。ビジネス街にあるコンビニで朝の時間帯にサラダが売れていることと併せて考えるとなかなか興味深い統計である。

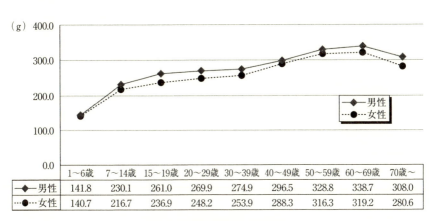

(g)	1～6歳	7～14歳	15～19歳	20～29歳	30～39歳	40～49歳	50～59歳	60～69歳	70歳～
男性	141.8	230.1	261.0	269.9	274.9	296.5	328.8	338.7	308.0
女性	140.7	216.7	236.9	248.2	253.9	288.3	316.3	319.2	280.6

図2-2　野菜の摂取量（年代別）

図2-1「1日に摂取した平均食品数（個人別）」によって，平均食品数を計算してみよう。

$$\bar{x}_w = (4 \times 7.5 + 52 \times 12.5 + 140 \times 17.5 + 106 \times 22.5 + 41 \times 27.5 + 1 \times 32.5) \div 344$$
$$= 6675.0 \div 344$$
$$= 19.4 \,[食]$$

となる。

2.5 調和平均

あるトラックが,全体の道程の半分を時速60km/時間,残りの半分を時速30km/時間で走ったとする。このとき,平均時速は何km/時間になるか?

直感的に45km/時間と思った人は少なくないのではないだろうか? 私達は,直感的に算術平均という高度な(?)計算を行っているのである。

しかし,正しい答えは,走行距離と所要時間を計算することによって40km/時間となり,算術平均45km/時間は正しい平均時速40km/時間より大きな値となってしまう。算術平均はしばしばオーバーシュートを起こす。

このような場合には,**調和平均 Harmonic mean**(以下 M_H とする)を計算するのが適切である。

調和平均 M_H は,データの逆数の算術平均をとり,そのまた逆数をとることにより得られる。逆数の逆数をとるのは,データの単位を元に戻すためである。

$$M_H = \frac{1}{\frac{1}{n}\sum\frac{1}{x_i}} \tag{2.6}$$

〈例題2.3〉
ある自動車は全体の3分の1を時速30km/時間,次の3分の1を40km/時間,残りの3分の1を50km/時間で走行した。このとき平均時速は何km/時間になるか?

2.6 幾何平均

幾何平均 Geometric mean(以下 M_G とする)は比率尺度をもったデータに対して用いられ,一定期間における平均変化率,成長率,伸び率が計算される。

$$M_G = \sqrt[n]{\frac{x_n}{x_0}} - 1 \tag{2.7}$$

ここで，n は期間，x_n は最終年度のデータ値，x_0 は，初年度のデータ値（初期値）を示す。

表 2-2 には，2003年と2014年までの11年間のクレジットカードの発行枚数（単位：万枚），同信用供与額の合計（単位：億円）並びにショッピング（同）とキャッシング（同）別の内訳が示されている。これに基づき，11年間のそれぞれの年平均伸び率を計算してみよう。

表 2-2　　　　　　　　　　（単位：万枚，億円）

項目 \ 年	2003年	2014年
クレジットカード発行枚数(万枚)	22,640	25,890
クレジットカード信用供与額(億円)	677,578	471,135
ショッピング	347,361	399,935
キャッシング	330,217	71,200

(注)　クレジットカード発行枚数は年度末の数字。
(出所)　日本クレジット産業協会 HP

クレジットカードの発行枚数の年平均伸び率は，

$$M_G = \sqrt[11]{25890/22640} - 1$$
$$= \sqrt[11]{1.144} - 1$$
$$= 1.012 - 1$$
$$= 0.012$$

故に，1.2％である。かつてのクレジットカードの発行枚数の年平均伸び率は，例えば1982年から1991年までの9年間は15.1％であったので，その伸び率の大幅な鈍化がわかる。

同様に，同信用供与額の合計額の年平均伸び率は，

$$M_G = \sqrt[11]{471135/677578} - 1$$
$$= \sqrt[11]{0.695} - 1$$
$$= 0.968 - 1$$
$$= -0.032$$

故に，△3.2%である。

これをショッピング（販売信用）に絞ってみると

$$M_G = \sqrt[11]{399935/347361} - 1$$
$$= \sqrt[11]{1.151} - 1$$
$$= 1.013 - 1$$
$$= 0.013$$

故に，1.3%である。

さらにキャッシング（消費者金融）についてみてみると，

$$M_G = \sqrt[11]{71200/330217} - 1$$
$$= \sqrt[11]{0.216} - 1$$
$$= 0.870 - 1$$
$$= -0.130$$

故に，△13.0%である。

以上より，2003年から2014年までの11年間における年平均伸び率は，クレジットカードの発行枚数が1.2%，同信用供与額の合計が△3.2%，ショッピングが1.3%そしてキャッシングが△13.0%となっている。ここから，クレジットカードの発行枚数は1990年代の15.1%に比べ大きく減衰し，信用供与額の伸びも3％を上回る減少となった。ショッピングは発行枚数とほぼ同じ伸びとなっているが，キャッシングの13%という大幅な減少が効いていることがわかる。

また，期間毎の伸び率 x_1 のデータが与えられている場合には

$$M_G = \sqrt[n]{x_1 x_2 \cdots\cdots x_n} \quad (i=1, 2, \cdots n) \tag{2.8}$$

の式を用いて幾何平均 M_G を計算できる。

2.7 平方平均

幾何平均と類似した平均として**平方平均** *Quadratic mean*（以下 M_q とする）がある。

平方平均は次式で定義される。

$$M_q = \sqrt{\frac{\sum x_i^2}{n}} \quad (i=1,2,3,\cdots,n-1,n) \tag{2.9}$$

平方平均 M_q の面白さは，その「一芸評価」機能にある。

いま，A，B 2つのコンビニの品揃えと店員のサービス・マナーについて100点満点の評価を行うとする。結果は，次の表2-3のようなものとなった。

表2-3 A，B 2つのコンビニについての評価（100点満点）

	コンビニ A	コンビニ B
品 揃 え	80	60
店員のサービス・マナー	80	100

このとき，算術平均 M_A はA，Bいずれのコンビニも80.0であるが，平方平均 M_q は異なる。

コンビニAの平方平均 M_q は，$M_q = \sqrt{(80^2+80^2)/2} = 80.0$

コンビニBの平方平均 M_q は，$M_q = \sqrt{(60^2+100^2)/2} = 82.5$

となり，特定の評価項目で大きな得点を得たコンビニBの方が，平方平均 M_q が大きくなっている。これが「一芸評価」機能である。何か示唆するものがないであろうか？

2.8 切り落し平均

切り落し平均 Trimmed mean は，外れ値の影響を取り除くため，データの両端の値を削除し，残りの真ん中周辺のデータの平均値をとったものである。

切り落し平均 trimmed mean は，第1四分位点 Q_1 から第3四分位点 Q_3 までのデータの算術平均値として定義される。

2.9 最頻値 M_o,中央値 M_d,算術平均値 M_A の関係

最頻値 M_o,中央値 M_d,算術平均値 M_A の関係は,データの作る分布の形で,異なってくる。もし,データが左右対称の正規分布もしくはそれに近い分布であれば,これら3点は一致するかほぼ近い値をとることになる。

しかし,もしデータが左右どちらかに歪んでいたり,分布のピーク(峰)が複数あったりした場合には,3点は一致しない。

図2-3には,右に歪んだ場合における3点の関係を示しているが,ポイントは,最頻値 M_o,中央値 M_d,算術平均値 M_A がアルファベット順に並ぶということである。左に歪んだ場合も M_A, M_d, M_o の順に並び同様となる。

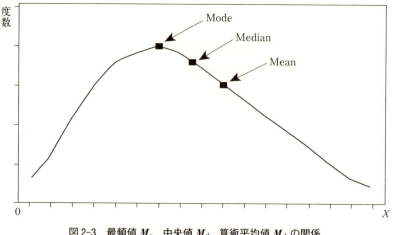

図2-3 最頻値 M_o,中央値 M_d,算術平均値 M_A の関係

分布の多様な形状については図2-4を参照されたい。この図には,歪度 *Skewness*,尖度 *Kurtosis*,峰の数 *Modality* という点からみたタイプ分けがなされている。これらのタイプ分けの基準となっているのが,一番下の対称的単峰ベル型分布なのである。

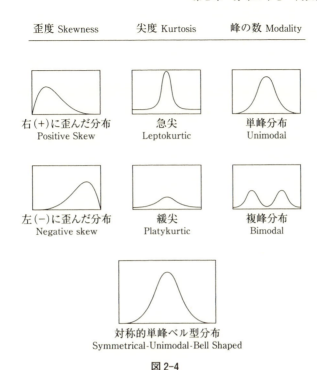

図 2-4

2.10 移動平均

時間の変化に伴って値が変化するデータを**時系列データ** *Time-Series-Data* という。時系列データは，季節変動という要因によりジグザグな動きをとることが多い。この季節変動を除くための方法が**移動平均** *Moved mean*（以下 M_m とする）である。

n 項移動平均は

$$M_m = \frac{1}{n}\sum x_i \qquad (i=1, 2, \cdots, n) \tag{2.9}$$

で計算され，その真中の時点の値として取り扱う。

第3章　分布の広がりの測度—散布度

　分布の中心の位置が分かった後の次の作業はデータの散らばり（散布度）を調べることである．データの散らばり（散布度）を見るには，データ全体の散らばりそのものを見る方法，中央値や平均値を中心にデータの広がりの程度（中心化傾向）を計算する方法さらには平均値に対する相対的な散らばり具合を見る方法などがある．

　ここでは，散布度の指標としての範囲，平均偏差，分散や標準偏差，変異係数，そして標準化変量と 3σ の法則について説明を行う．

3.1　範　囲

　範囲 *Range*（以下 **R** とする）は，データの中の最大値 Max と最小値 Min の差として定義される．すなわち，

$$\text{範囲 } R = \text{最大値 } Max - \text{最小値 } Min \tag{3.1}$$

である．

　範囲 R が大きければ，データ全体の散らばりが大きく，逆に小さければ散らばりは小さいということになる．範囲 R は計算もしやすく，度数分布表におけるクラス数を決定する際の重要な情報ともなるが，最大値 Max と最小値 Min の間にあるデータについての情報は何もないことや最大値 Max や最小値 Min が所謂外れ値であった場合には，大きな影響を受けるという問題点をもっている．また，一般にデータ数が増えると範囲 R は大きくなるので，データ数が異なるデータ間の比較に用いるには注意を要する．

3.2 四分位範囲

四分位範囲 QD は,第3四分位点 Q_3 と第1四分位点 Q_1 の差として定義される。図3-1には,中央値でもある第2四分位点 Q_2 を中心にして左右25%ずつ,合計50%の範囲が示されている。歪んだ分布の場合のように,データの中心が中央値(第2四分位点 Q_2)が適切であるときに,この四分位範囲 QD は有効である。外れ値の影響も除去されている。

$$四分位範囲\ QD = Q_3 - Q_1$$
$$= \{(Q_3 - Q_2) + (Q_2 - Q_1)\} \qquad (3.2)$$

また,50%ではなく,もっと小さな範囲が必要なときには,次式で定義される**準四分位範囲 *SQD*** が用いられる。

$$準四分位範囲\ SQD = (Q_3 - Q_1)/2 \qquad (3.3)$$

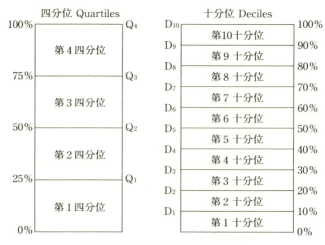

図3-1 四分位点と十分位点の関係

〈例題3.1〉
次のそれぞれのケースにおいて,範囲 R と四分位範囲 QD 並びに準四分位範囲 SQD を計算し,比較しなさい。

(1) 25, 26, 28, 30

(2)　25，26，28，30，38
(3)　25，26，28，28，30，35，36，38
(4)　25，26，28，30，35，36，38，40，60

3.3　平均偏差

算術平均値 $\bar{x}$ (M_A) を中心に据えた広がりの測度としては，各データと算術平均値 $\bar{x}$ との差の絶対値の和をデータ数で割って平均をとる**平均偏差 *Mean deviation*** （以下 **MD** とする）がある。

$$\text{平均偏差 } MD = \frac{1}{n}\sum |x_i - \bar{x}| \qquad (i=1, 2, \cdots, n) \tag{3.4}$$

平均偏差 MD は，算術平均値 $\bar{x}$ と各データの距離に着目した散布の尺度であるが，絶対値を用いることで，演算の多様な展開が煩雑になるという問題点がある。また，図形的にイメージしにくいこともある。

3.4　分散と標準偏差

算術平均 $\bar{x}$ を中心に据えた他の広がりの測度は，**分散 *Variance*** （以下 σ^2 とする）や**標準偏差 *Standard deviation SD*** （以下 σ とする）である。

分散 σ^2 は，各データと算術平均値 $\bar{x}$ の差の二乗和をデータ数で割ったものであり，標準偏差 σ は分散 σ^2 の平方根（$\sqrt{\ }$）である。以下の定義式から分かるように，分散 σ^2 は原データの単位を二乗したものとなっているため，平方根をとることにより原データの単位に戻すことができ，標準偏差 σ は算術平均 $\bar{x}$ や原データと加減（プラス，マイナス）の演算が可能となる。それとともに，絶対値を用いないため，演算の簡便性が平均偏差 MD よりも優れている。

$$\begin{aligned}\text{分散 } \sigma^2 &= \frac{\sum(x_i - \bar{x})^2}{n} \\ &= \frac{\sum x_i^2}{n} - \bar{x}^2\end{aligned} \tag{3.5}$$

$$\text{標準偏差 } \sigma = \sqrt{\frac{\sum(x_i - \bar{x})^2}{n}}$$

$$= \sqrt{\frac{\sum x_i^2}{n} - \bar{x}^2}$$

$$= \sqrt{\sigma^2} \tag{3.6}$$

〈例題 3.2〉

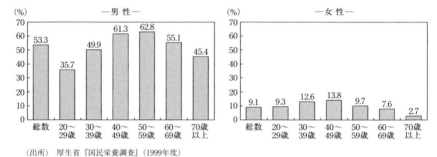

(出所) 厚生省『国民栄養調査』(1999年度)

図 3-2　性・年齢階級別　飲酒習慣者の割合

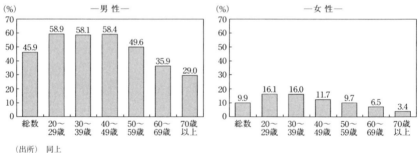

(出所) 同上

図 3-3　性・年齢階級別　喫煙習慣者の割合

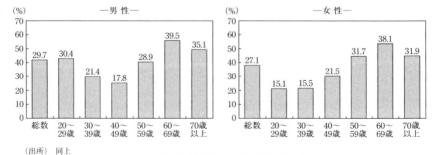

(出所) 同上

図 3-4　性・年齢階級別　運動習慣者の割合

図 3-2, 3-3, 3-4 は性・年齢階級別の飲酒習慣, 喫煙習慣, 運動習慣に関するものである。

これらのデータから性別の飲酒習慣, 喫煙習慣, 運動習慣に関する算術平均値 $\bar{x}$, 分散 σ^2, 標準偏差 σ を求めてみよう。

先ず, 飲酒習慣であるが, 定義式より
男性は,

    算術平均値 $\bar{x}$ 51.7
    標準偏差 σ 9.4
    分散 σ^2 87.6

女性は,

    算術平均値 $\bar{x}$ 9.3
    標準偏差 σ 3.6
    分散 σ^2 13.0

となる。

ここから, 飲酒習慣の年齢別の散らばり σ^2 は, 男性の方が大きいことが分かる。

また, 喫煙習慣については,
男性は

算術平均値 $\bar{x}$	48.3
標準偏差 σ	11.8
分散 σ^2	139.7

女性は,

算術平均値 $\bar{x}$	10.6
標準偏差 σ	4.7
分散 σ^2	21.7

となる。

喫煙習慣についても，年齢別の散らばりは，男性の方が大きいことが分かる。

さらに，運動習慣については，
男性は，

算術平均値 $\bar{x}$	28.9
標準偏差 σ	7.4
分散 σ^2	55.4

女性は，

算術平均値 $\bar{x}$	25.6
標準偏差 σ	8.8
分散 σ^2	77.0

となり，女性の方がやや低くなっている。

運動習慣については，年齢別の散らばりは，女性の方が大きいことが分かる。お気づきの読者も少なくないと思われるが，喫煙や飲酒については低年齢化が進んでおり，こうした20歳以上という建前本意の統計を用いた分析の信憑性を疑うことも忘れてはならない。

3.5 変動係数

一般に分散 σ^2 並びに標準偏差 σ はデータの平均値が大きいものほど大きな値をとる。このことは桁数の異なる2つのデータ群を考えてもらえば気づくことである。したがって，複数のデータ群の間の散らばりを比較する場合，分散 σ^2 や標準偏差 σ の値を直接比較するのではなく，平均値を単位（分母）にして相対化した上で比較することが有効になる。

こうした比較を可能にしてくれるのが，**変動係数** *Coefficient of Variation*（以下 **CV** とする）である。変動係数 CV は次式で定義され**変異係数**とも呼ばれる。

$$\text{変動係数 } CV = \frac{\text{標準偏差 } \sigma}{\text{平均値 } \bar{x}} \times 100 \tag{3.7}$$

上記の性別の飲酒習慣，喫煙習慣，運動習慣について変動係数 CV を計算すると，下記のようになり，飲酒習慣，喫煙習慣については当初の標準偏差 σ 自体の比較結果とは逆に女性の散らばりの方が大きくなることが分かり，また運動習慣については男女間での格差はかなり小さくなることがわかる。

- 飲酒習慣　男性の $CV=18.2$，女性の $CV=38.7$
- 喫煙習慣　男性の $CV=24.4$，女性の $CV=44.3$
- 運動習慣　男性の $CV=25.6$，女性の $CV=34.4$

3.6　標準化変量

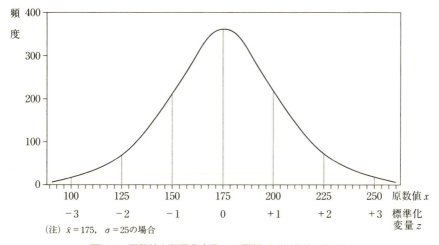

図 3-5　原数値と標準化変量 z の関係（正規曲線の場合）

変動係数 CV は異なる平均をもつデータ群間の比較を可能にするために，算術平均 $\bar{x}$ を基準にしたデータ全体の散らばり具合を見るものであったが，各データが同じデータ群内でどのような位置にあるのかを見るものが**標準化変量 Standard scores / z scores**（以下 ***z*** とする）である。標準化変量 z は，次式で定義される。

$$z_i = \frac{x_i - \bar{x}}{\sigma} \qquad (i=1,2,3,\cdots,n) \tag{3.8}$$

標準化変量 z は原データを変換するものであるが,変換されたデータの算術平均値 $\bar{x}$ は0に等しくなり,また分散 σ_z^2 は1となり,標準偏差 z_σ も1となる(図3-5参照)。

3.7 3シグマ(3σ)のルール

標準化変量 z の定義式を変換すると,各データが平均値 $\bar{x}$ から標準偏差 σ の z 倍分左右に離れた位置にあるかを示す次式が得られる。

$$x_i = \bar{x} + z_i \sigma \qquad (i=1,2,3,\cdots,n) \tag{3.8}$$

いま,z_i の値を2/3,1,2,3とすると,これらの値により決まる範囲とそこに含まれるデータの割合の関係は図3-6のようになる。

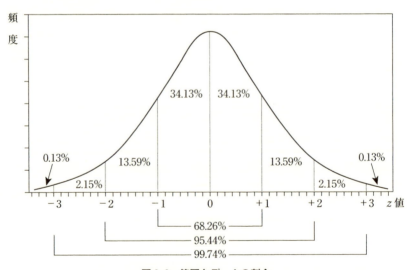

図3-6 範囲とデータの割合

ここから,z の値が2/3のときには,データ全体の約1/2が,z の値が1のときには,データ全体の約2/3が,さらに z の値が2のときには,データ全体の95%が,そして z の値が3のときには,データ全体のほとんど

(99.74%) が含まれることが分かる。これを3シグマ（3σ）のルールと呼ぶ。

3.8　A Box and Whisker Plot（箱ひげ図）

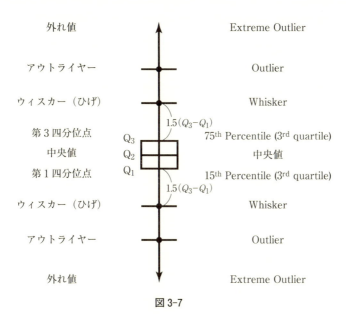

図 3-7

A Box and Whisker Plot は5点表示，箱ひげ図とも呼ばれる。これは，第2四分位点 Q_2 すなわち中央値 M_d を中心に，データの分布をみるものである。

第1四分位点 Q_1 と第3四分位点 Q_3 の差である四分位範囲を *Boxlength* と呼び，この boxlength の1.5倍の長さを第1四分位点 Q_1 から引いた点と第3四分位点 Q_3 に加えた点を *Whisker* と呼び，この Whisker からさらに boxlength の1.5倍外側の点（第1四分位点 Q_1 から引いた点と第3四分位点 Q_3 からは boxlength の3倍となる）をアウトライヤー *Outliers* と呼び，さらにその外側の点は外れ値 *Extreme outliers* と呼ばれる。算術平均 $\bar{x}$ を中心とする散布度の表現だけではなく，中央値 M_d を中心とする分布の表現も歪んだ分布の表現にとって重要となる。

第4章　比率・指数・変化率・寄与度・寄与率

本章では，比率・指数・変化率・割合・寄与度・寄与率といった指標について説明を行う。

これらは，原データ x の値を変換（加工ともいう）することにより，基準の値からの相対的変化をわかりやすく表現したり，ある結果に対する個別の要因の貢献度を測ったりするものである。変換のための計算は容易であり，日常的にもよく使われている。

4.1 比率と割合

一般に割合 **Ratio** とはデータ全体に占めるある属性のデータの構成比率をみるもので，通常は全体を100とする**百分率** *Percentage* (%) が用いられる。そのほか，全体を1000とする**千分比** *Per thousand* や10000とする**万分比** *Per mil* などがある。

百分率の定義は次の通りである。

$$ 百分率(\%) = \frac{ある属性をもったデータの数 n}{全体の数 N} \times 100 \tag{4.1}$$

後に見る推測統計学では5%という値が「ある事象がめったに起きるのか，起きないのかという判断の区分」として用いられるが，これは全体の百分の五（5/100）あるいは二十分の一（1/20）を示している。

4.2 指　数

データ値の異なる時点や地域間の比較を行うときに，ある基準時点や基準

地点を設定し比較することがしばしばある。こうした基準時点や基準地点での値を100として比較時点や比較地点の値を比率いう形で相対的に表現したものを**指数 Index** という。第1章でみた米の作況指数の場合，過去3年間分の収穫高の平均値を基準値100としている。

指数として代表的なものは，総務庁統計局が作成する消費者物価指数CPI，日本銀行の作成する卸売物価指数 WPI，サービス価格指数など財やサービスの価格に関する指数であるが，この他経済産業省の作成する鉱工業指数（生産指数・出荷数・在庫指数），さらには景気の現状や将来の動きに関する景気動向指数，貿易指数，消費者の消費態度に関する消費者態度指数，日本不動産研究所の作成する不動産価格指数や地価動向指数，あるいは厚生労働省関係では労働時間指数や賃金指数，人口10万対医師数・歯科医師数・薬剤指数（地域差指数），バーセル指数（入院時と退院時の患者の ADL 操作を項目別に点数化して評価する方法で100点で自立と判断される）など多くの指数がある。

以下では，指数の計算の定義を示した後，消費者物価指数を取り上げ，個別指数と総合指数についても説明を行う。

4.2.1 指数の計算

いま指数化したいデータの初期時点の値を X_0，最終時点の値を X_n とする。仮に初期時点を基準に，比較時点として最終時点の値を選び，指数化するには以下の式を用いる。

$$I_{n0} = X_n / X_0 \times 100 \tag{4.2}$$

また，逆に最終時点を基準に，比較時点として初期時点の値をとり，指数化するには

$$I_{n0} = X_0 / X_n \times 100 \tag{4.3}$$

となる。

〈例題 4.1〉

ある都市の1ℓ当たりのガソリン価格は2000年には92円であったが，2015

年には103円となった。このとき，2000年を基準にした2015年の指数を計算しなさい。

表4-1a　石油卸売価格

	2000年12月	2001年12月	2002年12月	2003年12月	2004年12月	2005年12月	2006年12月
全国平均(レギュラー, 卸売価格)	92.0	86.1	89.1	88.9	97.6	110.0	116.0
全国平均(レギュラー, 小売価格)	105.0	100.0	100.0	100.3	119.0	129.0	134.5

2007年12月	2008年12月	2009年12月	2010年12月	2011年12月	2012年12月	2013年12月	2014年12月	2015年12月
134.7	96.9	108.1	116.5	124.7	129.6	139.5	125.2	102.9
155.3	114.7	126.3	133.2	143.6	147.4	157.7	152.4	126.2

表4-1b　指　　数

	2000年12月	2001年12月	2002年12月	2003年12月	2004年12月	2005年12月	2006年12月
全国平均(レギュラー, 卸売価格)	100.0	93.6	96.8	96.6	106.1	119.6	126.1
全国平均(レギュラー, 小売価格)	100.0	95.2	95.2	95.5	113.3	122.9	128.1

2007年12月	2008年12月	2009年12月	2010年12月	2011年12月	2012年12月	2013年12月	2014年12月	2015年12月
146.4	105.3	117.5	126.6	135.5	140.9	151.6	136.1	111.8
147.9	109.2	120.3	126.9	136.8	140.4	150.2	145.1	120.2

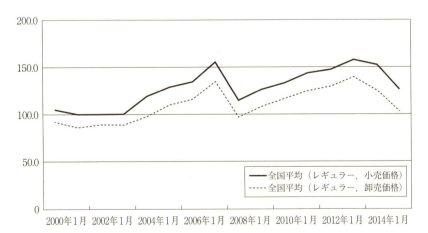

図4-1a　石油卸売価格

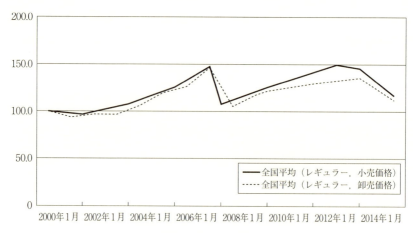

図4-1b 指　　数

4.2.2 個別指数と総合指数

基準年を100とした比較時点の指数を得ることで指数（個別指数）の計算は一応完了する。しかしながら，日常よく接する指数は多くの個別指数を1つの**総合指数**としてまとめたものである。この「総合化」はすでに見た加重算術平均 M_w を計算することで得られる。

以下では，**消費者物価指数** *Consumer Price Index*（*CPI*）を例にこの「総合化」の手順 I ～ V を説明する。

Ⅰ．CPI の沿革

消費者物価指数 CPI の計算は，1946年8月に当時の総理府統計局（現，総務省統計局）により第2次大戦後の混乱期すなわち，物資不足のため統制価格とヤミ価格という二重価格が存在する中で，物価上昇（インフレーション）を測定するために始められた。

当初フィッシャー方式を用いて計算されていたが，1949年8月に改正が行われ，1948年（暦年）を基準時点にしてラスパイレス方式で計算されるようになった。

CPI は，全国の消費者世帯（農林漁業世帯及び単身者世帯を除く全世帯）が購入する各種の商品とサービスの価格を総合した物価の変動を時系列的に

測定するもので，その際，家計の消費支出構造は一定のものとして固定し，同じものを異なる時点で購入した場合に物価がいくらになるのかを数で表現したものとなる。したがって，実際に各世帯が財やサービスの購入のために支出した生活費の変化を測定するものではない。この点は重要である。

CPI は家計の消費支出を対象にしているが，以下のものは対象外である。
① 信仰費や負担金，贈与金，仕送り金及び寄付金
② 非消費支出すなわち所得税や社会保険料など
③ 実支出以外の支出すなわち預金，有価証券の購入などの貯蓄，土地・住宅の購入などの財産購入

ただし，持ち家の場合，その住宅費用については「**帰属家賃方式**」（持ち家の住宅を借家と見做した場合の家賃相当額を**帰属家賃**という）により指数の計算に組み込まれている。

Ⅱ．品目の選択

CPI の指数品目は 5 年毎の基準の改定に際し，変更されてきているが，2000年基準では561品目となっている。指数計算に採用される品目は，消費者世帯が購入する多数の商品及びサービス全体の物価変動を代表するように，①家計支出上重要度が高いこと，②物価変動の面で代表性があること，③継続調査が可能であること，などの観点から選ばれている。

消費者物価指数の2010（平成22）年の基準改定は以下の通りである。（総務省統計局『消費者物価指数2015年基準改定計画』2015年11月27日公表より）

1　はじめに

消費者物価指数は，全国の世帯が購入する財及びサービスの価格変動を総合的に測定し，物価の変動を時系列的に測定することを目的として，終戦後間もない1946年 8 月に作成を開始して以来，毎月作成・公表している。

物価の動向は，我が国の経済活動と密接な関係があることから，消費者物価指数は経済政策を推進する上で極めて重要な指標となっている。また，国民年金や厚生年金などの物価スライド，重要な経済指標を実質化するためのデフレーター及び物価連動国債の想定元金額（元金が物価の動向に連動して

増減した後の金額）の算定に利用されており，さらには賃金・家賃・公共料金改定の際の参考に使われるなど，官民を問わず幅広く利用されている。

2　改定の趣旨

消費者物価指数は，基準時の消費構造を一定のものに固定し，これに要する費用が基準時に比べてどれだけ変化したかによって物価の変動を表すものである。しかし，消費構造は，新たな財及びサービスの出現や嗜好の変化などによって変化するため，消費構造を長い期間固定すると次第に実態と合わなくなる。そのため，基準時などを一定の周期で新しくする「基準改定」を行い，指数品目とそのウェイトを定期的に見直している。消費者物価指数の基準改定は1955（昭和30）年基準への改定以降，5年に1回，西暦年の末尾が0又は5の年に合わせて行っている。

2010年4月に，統計法（2007年法律第53号）第28条第1項の規定に基づき，統計法第2条第9項に規定する統計基準として，「指数の基準時に関する統計基準（2010年3月31日付　総務省告示第112号）」が新たに設定された。消費者物価指数の2010年基準改定は，この指数の基準時に関する統計基準に示された原則を踏まえつつ，2005年基準改定以降に起きた経済情勢の変化を反映させるために行った。

3　主な改定内容

（1）　指数基準時の改定

指数の基準時及びウェイトの参照年次を，それぞれ2005年から2010年に改めた。

消費者物価指数は時間の経過による物価の動きを見るものであるため，基準時及びウェイトの改定により過去にさかのぼって比較が可能となるように，2009年12月以前の過去の指数を2010年基準に合わせて換算し，接続した（新・旧指数の接続）。

新・旧指数の接続は，地域及び総合，類，品目ごとに行った（接続した指数による上位類指数の再計算は行わない。）。計算は，各基準の指数を次の基準時に当たる年の年平均指数で除した結果を100倍することにより行った。

（例）　2005年基準を2010年基準に接続する場合

2010年基準の y 年 m 月接続指数
　　　＝（2005年基準の y 年 m 月指数÷2005年基準の2010年平均指数）
　　　　×100

　変化率については，接続した指数により再計算することなく，各基準において公表した値をそのまま用いている。また，基準時（2010年）の1～12月の前年同月比などについても，旧基準（2005年）の指数によって計算したものを用いている。

　なお，2005年を基準時とする他の経済指標との関連など，利用上の便を図るため，2005年基準指数は2011年12月まで作成・公表し，その後，2015年基準指数の公表前までは，2005年基準指数の2010年平均指数に，以後の各月の2010年基準指数を乗じた値を100で除して算出した2005年基準換算指数を作成・公表する。

(2) 品目の改定

　指数品目について，家計消費支出における重要度が高くなった品目を追加し，重要度が低くなった品目を廃止した。

　この結果，2010年基準指数に用いる品目数は，588品目（沖縄県のみで調査する5品目を含む。）となった。

　　追加：28品目，廃止：22品目（沖縄県のみで調査していた3品目を含む。），
　　統合：15→4品目，名称変更：42品目，調査期間変更：14品目

2010年基準において改定した品目は別表の通りである。

　なお基準改定後，次の基準改定までに急速に普及又は衰退する財及びサービスがある場合には，指数の精度をより高めるため，次の基準改定を待たずに新たな品目の追加などが必要かどうか検討する（中間年における見直し）。

〈追加品目の選定基準〉

① 新たな財・サービスの出現や普及，嗜好の変化などによる消費構造の変化に伴い，家計消費支出上重要度が高くなった品目
② 中分類指数の精度の向上及び代表性の確保に資する品目
③ 円滑な価格取集が可能で，かつ，価格変化を的確に把握できる品目

以上の①～③の基準をすべて満たす品目を追加品目とする。

〈廃止品目の選定基準〉
① 消費構造の変化などに伴い，家計消費支出上重要度が低くなった品目
② その品目がなくても，中分類指数の精度や代表性が確保できる品目
③ 円滑な価格取集が困難となった又は価格変化を的確に把握できなくなった品目

以上の①〜③の基準に一つでも該当すれば廃止品目とする。ただし，その場合であっても，中分類の精度を損なうと考えられれば，廃止品目としない。

(3) ウェイトの改定

2010年基準の消費者物価指数の計算に用いるウェイトは，原則として家計調査（二人以上の世帯）の2010年平均1か月間の1世帯当たりの品目別消費支出金額を基に作成した。ただし，生鮮食品（生鮮魚介，生鮮野菜，生鮮果物）は，品目ごとに月々の購入数量の変化が大きいため，2010年の品目別消費支出金額のほか，2009年及び2010年の月別購入数量を用いて，月別に品目別ウェイト（生鮮魚介，生鮮野菜，生鮮果物の類ウェイトについては毎月一定）を作成した。

家計調査の「こづかい」，「つきあい費」などについては，2009年全消における「個人消費支出」の結果を用いて他の品目に配分した。また，持家の帰属家賃のウェイトは，2009年全消の「持家の帰属家賃」を用いて作成した。

(4) モデル式を用いる品目の指数計算方法の見直し

航空運賃や電気代，携帯電話通信料などの一部の品目は，料金体系が多様で価格も購入条件によって異なる。これらの品目については，価格変動を的確に指数に反映させるため，品目ごとに典型的な利用事例をモデルケースとするなどにより設定した計算式（モデル式）を用いて月々の指数を算出している。指数の算出には小売物価統計調査による調査価格のほか，モデルケースごとの価格を合成する際の比率などについては他の統計などを用いる。

このモデル式により指数を作成している品目（以下「モデル品目」という。）のうち，料金制度や価格体系が一層多様化している一部の品目について，実態をより正確に指数に反映できるように計算方法を見直した。

Ⅲ. 品目の価格とウェイト

指数計算に採用されている品目の価格は，小売物価統計調査により得られた全国167市町村の小売価格である。基準時価格は原則として2000年1月から12月までの各月の価格の単純平均値である。ただし，生鮮食品については，月別ウェイトを用いた加重平均値である。また，比較時点の価格は，月々の市町村別，品目別平均価格である。

ウェイトは，家計調査により得られた市町村別の2000年平均全世帯1ヶ月1世帯当り品目別消費支出額を用いて計算する。

Ⅳ. 指数算式——ラスパイレス式，パーシェ式，フィッシャー式

総合指数の計算は理論上，ウェイトをどの時点のものにするかによりラスパイレス式，パーシェ式，フィッシャー式に分けられるが，CPI の計算にはラスパイレス式が用いられる。

ラスパイレス式（L 式）は，基準時点のウェイトを用いて指数の計算を行うもので，基準時加重相対法算式とも呼ばれる。L 式は基準時点の消費構造（生活様式）をウェイトに使うので，時間が経過するほどそれとのズレが生まれたり，大きくなってしまうので5年毎に品目やウェイトの改定が行われるのである。これに対し**パーシェ式（P 式）**は，比較時点のウェイトを用いて指数の計算を行うものである。また，**フィッシャー式（F 式）**はこれらの幾何平均をとったものである。以下のそれぞれの算式を示しておく。

① ラスパイレス式（L 式）

$$P_L = \frac{\sum p_{it} \times q_{i0}}{\sum p_{i0} \times q_{i0}} \times 100 \quad \text{あるいは} \quad P_L = \frac{\sum (p_{it}/q_{i0})(p_{i0} \times q_{i0})}{\sum p_{i0} \times q_{i0}} \times 100 \quad (4.4)$$

ここで，p_{i0}，p_{it} は，基準時点 0 と比較時点 t での第 i 品目の価格を示し，q_{i0} は基準時点 0 での第 i 品目の数量を示す。

② パーシェ式（P 式）

$$P_P = \frac{\sum p_{it} \times q_{it}}{\sum p_{i0} \times q_{it}} \times 100 \quad \text{あるいは} \quad P_P = \frac{\sum p_{it} \times q_{it}}{\sum (p_{i0}/q_{it})(p_{it} \times q_{it})} \times 100 \quad (4.5)$$

ここで，q_{it} は，比較時点 t での第 i 品目の数量を示す。

③ フィッシャー式（F式）
$$P_F = \sqrt{P_L \times P_P}$$

Ⅴ．総合指数の計算（L式）

　消費者物価指数CPIの総合化は多段階の加重平均を求めるプロセスとなっている。すなわち，最小類指数，中分類指数，10大分類指数，総合指数という順に計算を行うのである。

　先ず，品目別価格指数（個別指数 $P_t/P_0 \times 100$）に対し品目別ウェイトを用いて加重平均をとり，最小類の指数を作成する。ついで，これらの最小類指数を対応する類ウェイトを用いて加重平均して上位類の指数を作成する。以下，同様にして，中分類指数，10大分類指数，総合指数を計算する。

　全国平均指数は，まず各品目の市町村別価格指数を各品目の市町村別ウェイトにより加重平均して品目別全国平均価格指数を求め，全国（地域）のウェイトを用いて，上位指数を求め，総合指数を得ることになる。

〈計算例〉

　下記の表を用いて価格指数Aに対し，1990年基準と2000年基準の消費者物価指数を計算してみよう。

　1990年基準の場合は，

$P_L = 0.3141 \times 90.0 + 0.1478 \times 102.0 + 0.0553 \times 103.0 + 0.0444 \times 104.0 +$
$\quad 0.0860 \times 105.0 + 0.0312 \times 106.0 + 0.1185 \times 107.0 + 0.0466 \times 108.0 +$
$\quad 0.1115 \times 109.0 + 0.0446 \times 110.0 \fallingdotseq 100.8$

となり，

2000年基準の場合には，

$P_L = 0.2732 \times 90.0 + 0.2003 \times 102.0 + 0.0651 \times 103.0 + 0.0369 \times 104.0 +$
$\quad 0.0568 \times 105.0 + 0.0380 \times 106.0 + 0.1313 \times 107.0 + 0.0398 \times 108.0 +$
$\quad 0.1130 \times 109.0 + 0.0456 \times 110.0 \fallingdotseq 101.2$

となった。また，2010年基準の場合には，101.6となる。

　価格指数Bに対しては1990年基準が98.8，2000年基準が98.9，2010年基準

が99.1となる。

同一の価格指数Aでも価格が低下した食材費のウェイトが一番大きい1990年度のCPIの方が最も小さな値となっていることがわかる。

表4-2 消費者物価指数のウェイト

費目	ウェイト（全国：基準年）			価格指数A	価格指数B
	2010年	2000年	1990年	20xx年	20yy年
食料	0.2527	0.2732	0.3141	90.0	90.0
住居	0.2122	0.2003	0.1478	102.0	95.0
光熱・水道	0.0704	0.0651	0.0553	103.0	98.0
家具・家事用品	0.0345	0.0369	0.0444	104.0	100.0
被服及び履物	0.0405	0.0568	0.0860	105.0	101.0
保健・医療	0.0428	0.0380	0.0312	106.0	105.0
交通・通信	0.1421	0.1313	0.1185	107.0	106.0
教育	0.0334	0.0398	0.0466	108.0	110.0
教養娯楽	0.1145	0.1130	0.1115	109.0	110.0
諸雑費	0.0569	0.0456	0.0446	110.0	105.0
消費支出計(総合)	1.0000	1.0000	1.0000		

	2010年	2000年	1990年
価格指数A (20xx年)	101.6	101.2	100.8
価格指数B (20yy年)	99.1	98.9	98.8

4.3 循環図

在庫循環図は，横を生産指数の前年同期比，縦軸を在庫指数の前年同期比として，各時点の状況をプロットした図である。在庫循環図では，景気動向の進展とともに，反時計回りに回転することが多く，各時の景気の状況を把握する上で参考になる。

この在庫循環図は，2013（平成25）年4月以降の輸送機械工業の生産指数と在庫指数を描いたものであるが，2014（平成26）年第2四半期，すなわち増税後の4-6月期に在庫が急増していること，生産水準はそれ程低下して

いないことが分かる。

在庫循環図は，四半期の指数で作成することが多いが，この在庫循環図の最終時点は，生産は1月と2月の平均値，在庫は2月の指数で作成している。

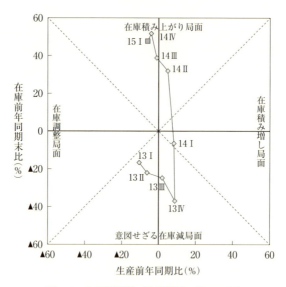

図 4-2　在庫循環図（輸送機械工業：日本）

4.4　変化率

変化率は増減率，成長率などとも呼ばれているが，この他用いられる分野でさまざまな名称が与えられていると思われる。変化率は，基準値からの増減の額を割合もしくは百分率％で示したものである。

多期間にわたる平均変化率はすでに幾何平均を用いて計算することを説明したが，1つ前の時期に対する変化率 g は下記の計算で得られる。ここで，x_0 は時点0の値，x_1 は時点1の値を示す。

$$g_1 = (x_1 - x_0)/x_0 \times 100 \quad \text{（単位：％）} \tag{4.7}$$

一般にある期間（暦年，年度，上期・下期，四半期，月，旬，週，日など）に関し，時系列データが与えられているとき，毎期の増減値を前期に対して計算することがよく行われる。このとき，対前年比，対前期比，対前月比，対前日比などの言葉が基準を示すのに用いられる。

ここでは，その年金運用実績の不安から実績の公表が強く求められており，その公表に向けて動き始めた「年金積立金管理運用独立行政法人」（以下 GPIF）の公表数値を用いて，変化率を確認してみよう。

GPIF がホームページで公表している統計の中で，まず市場運用開始後の収益額の推移を見てみよう。図 4-3 には市場運用開始後の累積収益額が示されている。これを見ると市場運用開始直後のマイナスの収益，すなわち損失から2003年度に黒字化し，2011年度以降は上昇基調に転じたことがわかる。2012年度から2014年度にかけての増加は顕著なものがある。しかし，2015年度は変調を示している。4月から12月までの3四半期分の累積ではあるが，2014年度の507,338（億円）から，502,229億円と5109億円のマイナスとなっている。この数値が累積収益であることに改めて注意が必要である。

市場運用開始後の収益額を用いて，収益額の増減学，同増減率，指数を計算したものが表 4-3 である。ここには，収益率の推移も示している。ここか

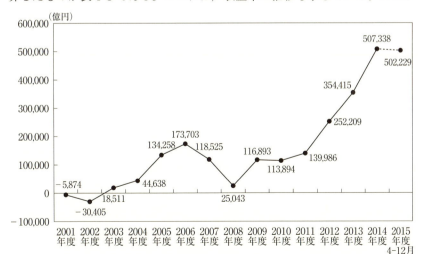

図 4-3　市場運用開始後の累積収益額（2001年度～2015年度第3四半期）

表4-3 市場運用開始後の収益額の推移 (2001－2015) (単位：億円，%)

暦年	収益額	収益増減額	収益額増減率 (%)	指　数 (基準年度：2009)	収益率 (%)
2001	－5,874	—	—	－6.4	－1.8
2002	－24,530	－18,656	317.6%	－26.7	－5.36
2003	48,916	73,446	－299.4%	53.3	8.4
2004	26,127	－22,789	－46.6%	28.4	3.39
2005	89,619	63,492	243.0%	97.6	9.88
2006	39,445	－50,174	－56.0%	42.9	3.7
2007	－55,178	－94,623	－239.9%	－60.1	－4.59
2008	－93,481	－38,303	69.4%	－101.8	－7.57
2009	91,850	185,331	－198.3%	100.0	7.91
2010	－2,999	－94,849	－103.3%	－3.3	－0.25
2011	26,092	29,091	－970.0%	28.4	2.32
2012	112,222	86,130	330.1%	122.2	10.23
2013	102,207	－10,015	－8.9%	111.3	8.64
2014	152,922	50,715	49.6%	166.5	12.27
2015	－5,108	－158,030	－103.3%	－5.6	－0.37

ら，収益額の増減率の大きな変動並びに収益率の変動も確認できる。

また，図4-4には市場運用開始後の収益額の増減率と指数の推移，図4-5は収益率の推移を示している。

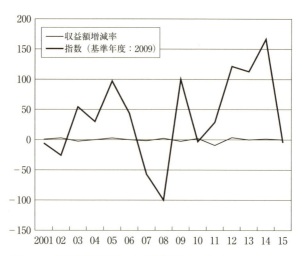

図4-4　市場運用開始後の収益額指数の推移 (2001-2015年)

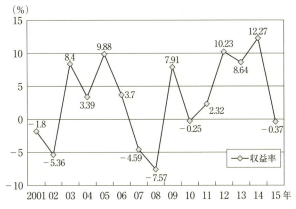

図 4-5　市場運用開始後の収益率の推移（2001-2015年）

4.5　寄与度・寄与率

　異なる時点での数値の変化は，変化率（増減率）として把握できることは既に確認した。変化率で用いた変数 x は単独の変数であり，いくつかの変数の合計値ではなかった，あるいは合計値としてとらえられていなかったといえよう。

　そこで，この変数 x がいくつかの構成要素から成り立つ場合を考えてみよう。

　変数 x がいくつかの構成要素から成り立つということは，今，変数 x を X とし，その構成要素を x_i（$i=1, 2, \cdots, n$）と再定義することで以下のように示すことができる。

$$X = \sum_{i=1}^{n} x_i$$

ただし，$i=1, 2, \cdots, n$ である。

　この時に，合計値である X の動きは個別の x_i の動きの集計値として表現される。

　例えば，複数の車種を販売している自動車のディーラーを考えてみよう。

　3つの車種A，B，Cがある場合，各車種の売上の動きは全体の売上の合

計値の部分を構成するが，全体の売上の動きの方向と個別の車種の売上の動きの方向は必ずしも同じにはならない。

あるいは，複数のコンビニの売り上げと一つのエリア内のコンビニの売上の関係についても同じことがいえよう。3つのコンビニ店A，B，Cがある場合，各店舗の売上の動きは全体の合計値を構成するが，全体の売上の動きの方向と個別の店舗の売上の動きの方向は必ずしも同じとはならない。

あるいは，複数の工場をもつ自動車組立メーカーのある期間（例えば，1ケ月，四半期，半年，1年等）の生産量 X が個別の工場の生産量 x_i の合計値として把握される場合にも同じことが当てはまる。

個別の変化は，個別の増減率として把握できるが，この部分の変化は全体の変化と同じ方向になるとは限らないことを繰り返し述べたが，ここには少し注意が必要となる。すなわち，部分の大きさが出発時点で同じとは限らないことである。この出発点でのズレが誤った理解に通ずる落とし穴となるのである。

こうした落とし穴の理解も含め，表を用いて説明を行うこととする。

ある時点や時系列データにおいて，全体と部分の両方にわたるデータが与えられている場合，全体の変化（増減）に対する各要因（構成項目，内訳）の貢献度を量的にとらえることができる。こうした各要因の全体への量的貢献度は，**寄与度**や**寄与率**として求めることができる。

寄与度 *Contribution ratio* とは，ある変数に対し，個別の要因がどれだけ寄与したのかを量的に示す測度である。個別の要因の伸び率とは異なるものである。また，**寄与率**は全体の変化率を100として，個別の要因の寄与度の割合を示したものである。

表4-4は伸び率，寄与度，寄与率を一般式で示したものである。

これを踏まえ，A，B，C　3つの製品を販売するメーカーを例に，数値例で寄与度・寄与率のさまざまなケースを示したものが，表4-5　ケース1～4である。それぞれについて説明を加えよう。

第4章 比率・指数・変化率・寄与度・寄与率

表 4-4 寄与度・寄与率

会社名	比較時点	基準時点	増減量
A 店	A_{t+1}	A_t	$A_{t+1}-A_t=\Delta A$
B 店	B_{t+1}	B_t	$B_{t+1}-B_t=\Delta B$
C 店	C_{t+1}	C_t	$C_{t+1}-C_t=\Delta C$
合 計	$A_{t+1}+B_{t+1}+C_{t+1}$	$A_t+B_t+C_t$	$(A_{t+1}+B_{t+1}+C_{t+1})-(A_t+B_t+C_t)$

伸び率(%)	寄与度(%)	寄与率(%)
$(A_{t+1}-A_t)/A_t \times 100$	$\Delta A/(A_t+B_t+C_t) \times 100 = CRA$	$CRA/TCR \times 100$
$(B_{t+1}-B_t)/B_t \times 100$	$\Delta B/(A_t+B_t+C_t) \times 100 = CRB$	$CRB/TCR \times 100$
$(C_{t+1}-C_t)/C_t \times 100$	$\Delta C/(A_t+B_t+C_t) \times 100 = CRC$	$CRC/TCR \times 100$
$((A_{t+1}+B_{t+1}+C_{t+1})-(A_t+B_t+C_t))/(A_t+B_t+C_t) \times 100$	$(\Delta A+\Delta B+\Delta C)/(A_t+B_t+C_t) \times 100 = TCR$	$TCR/TCR \times 100$

表 4-5a ケース1 初期値・比較値が同じケース

製品	2015年度 (初期値)	2016年度 (比較値)	差	g (伸び率)	寄与度 (%)	寄与率 (%)
A	100.00	110.0	10.0	10.0%	3.3%	33.3%
B	100.00	110.0	10.0	10.0%	3.3%	33.3%
C	100.00	110.0	10.0	10.0%	3.3%	33.3%
合 計	300.00	330.0	30.0	10.0%	10.0%	100.0%

　ケース1は A, B, C 3つの製品販売量が, 初期値100, 比較値が110と3製品とも同一のケースである。このとき, 表からわかるように初期値の売上合計は300となり, 比較値の合計は330となる。初期値と個別値の差は3製品とも10であり, 合計の場合は30となる。このとき, 個別の伸び率は10.0%と同一となり, 合計値の伸び率も10.0%となる。

　これも表からわかるように, 3製品の全体に対する貢献度は同じ増加額10であり, 初期値も同一であることから量的にも同じ貢献を示すことが予想されるのである。

　この場合, 個別の製品の寄与度は定義式から何れも3.3%(=10.0/30.0×100)となり, 合計の伸び率は10.0%(=30.0/300.0×100)となる。また, 寄与率は個別の製品については33.3%(=3.3/10.0×100)となり, 合計の伸

び率は100.0%（＝10.0/10.0×100）となる。確かに，3製品の全体の増加に対する量的貢献が等しいことが確認できた。

初期値100，比較値が110と3製品とも同一のケースの場合でも，伸び率は10.0%と同じ値であっても，個別の寄与度3.3%と全体の寄与度10.0%は異なる値となっていること，しかし，全体の伸び率を100.0としたときの寄与率は個別では33.3%と同一となっていることに注意が必要である。

表4-5b　ケース2　初期値が同じで，比較値が異なるケース

製品	2015年度 （初期値）	2016年度 （比較値）	差	g （伸び率）	寄与度 （%）	寄与率 （%）
A	100.00	110.0	10.0	10.0%	3.3%	50.0%
B	100.00	90.0	▲10.0	▲10.0%	▲3.3%	▲50.0%
C	100.00	120.0	20.0	20.0%	6.7%	100.0%
合　計	300.00	320.0	20.0	6.7%	6.7%	100.0%

ケース2は初期値が同じで，比較値が異なるケースである。すなわち，A，B，C　3つの製品販売量が，初期値100は同一であるが，比較値はAが110.0，Bが90.0，Cが120.0と3製品とも異なるケースである。このとき，表4-5bからわかるように初期値の売上合計は300.0であるが，比較値の合計は320となる。初期値と個別値の差はAが10.0，Bが▲10.0，Cが20.0と3製品とも異なる。

このとき，個別の伸び率は3製品とも異なり，Aが10.0%，Bが▲10.0%，Cが20.0%となり，合計値の伸び率は6.7%となる。

この場合，3製品の寄与度はAが3.3%（＝10.0/300.0×100），Bが▲3.3%（＝▲10.0/300.0×100），Cが6.7%（＝20.0/300.0×100）となり，合計の伸び率は6.7%（＝20.0/300.0×100）となる。また，寄与率はAが50.0%（≒3.3/6.7×100），Bが▲50.0%（≒▲3.3/6.7×100），Cが100.0%（＝6.7/6.7×100）となり，合計の寄与率は100.0%となる。

初期値が同一（100）で，比較値が3製品とも異なるケースの場合，全体の伸び率と同じ変化の方向の場合には，全体の符号（プラスかマイナス）と同じ符号の寄与率を示すことが確認できた。

表4-5c　ケース3　初期値が異なり，比較値が同じケース

製品	2015年度 (初期値)	2016年度 (比較値)	差	g (伸び率)	寄与度 (%)	寄与率 (%)
A	100.00	110.0	10.0	10.0%	2.6%	▲19.7%
B	200.00	110.0	▲90.0	▲45.0%	▲23.7%	179.5%
C	80.00	110.0	30.0	37.5%	7.9%	▲59.8%
合計	380.00	330.0	▲50.0	▲13.2%	▲13.2%	100.0%

　ケース3は初期値が異なり，比較値が同じケースである。すなわち，A，B，C　3つの製品販売量が，初期値Aが110.0，Bが200.0，Cが80.0と3製品とも異なり，比較値が110と3製品とも同一のケースである。このとき，表からわかるように初期値の売上合計は380.0となり，比較値の合計は330.0となる。また，初期値と個別値の差は，Aが10.0，Bが▲90.0，Cが30.0となる。売上が全体として380.0から330.0へと▲50.0と減少しているケースで，これまでのケースとの大きな違いはこの点にある。

　このとき，個別の伸び率は3製品とも異なり，Aが10.0%，Bが▲45.0%，Cが37.5%となり，合計値の伸び率は▲13.2%となる。

　合計値が減少し，初期値が異なり，比較値が同じケースの場合でも，合計値の伸び率と同じ方向に変化する場合には，全体の符号（プラスかマイナス）と同じ変化の方向の製品は同じ符号の寄与率を示すことを，寄与度と寄与率の符号の違いも含め，確認してみよう。

　この場合，3製品の寄与度はAが2.6%（＝10.0/380.0×100），Bが▲23.7%（＝▲90.0/380.0×100），Cが7.9%（＝30.0/380.0×100）となり，合計の寄与度は▲13.2%（＝▲50.0/300.0×100）となる。また，寄与率はAが▲19.7%（≒2.6/▲13.2×100），Bが179.5%（≒▲23.7/▲13.2×100），Cが▲59.8%（＝7.9/▲13.2×100）となり，合計の寄与率はこの場合ももちろん100.0%となる。

表4-5d　ケース4　初期値，比較値がいずれも異なるケース

製品	2015年度 (初期値)	2016年度 (比較値)	差	g (伸び率)	寄与度 (％)	寄与率 (％)
A	100.00	110.0	10.0	10.0％	2.6％	▲16.5％
B	200.00	90.0	▲110.0	▲55.0％	▲28.9％	183.0％
C	80.00	120.0	40.0	50.0％	10.5％	▲66.5％
合　計	380.00	320.0	▲60.0	▲15.8％	▲15.8％	100.0％

　ケース4は初期値も比較値もすべて異なるケースを示している。

　この場合に，各自で，個別の伸び率は，Aが10.0％，Bが▲55.0％，Cが50.0％となり，合計値の伸び率が▲15.8％となること，また，3製品の寄与度がAが2.6％，Bが▲28.9％，Cが10.5％そして，合計の寄与度が▲15.8％となり，寄与率はAが▲16.5％，Bが183.0％，Cが▲66.5％そして，合計の寄与率が100.0％となることを確認しなさい。

　全体の伸び率が増減している場合，全体の符号（プラスかマイナス）と同じ変化の方向を示す製品は同じ符号の寄与度・寄与率を示すことが確認できる。

第5章　関連係数と相関係数

5.1　分割表

複数個の属性の間に何らかの関係があるかどうかを調べたい場合がある。例えば，肺癌と喫煙習慣の関係，病気の治癒と投薬の効能の関係，地域と商品の売れ行きの関係などデータ間の質的関係を考える場合は少なくない。

表 5-1　$m \times n$ の分割表

	1	2	……	n	計
1	f_{11}	f_{12}	……	f_{1n}	$f_{1.}$
2	f_{21}	f_{22}	……	f_{2n}	$f_{2.}$
⋮	⋮	⋮		⋮	⋮
m	f_{m1}	f_{m2}	……	f_{mn}	$f_{m.}$
計	$f_{.1}$	$f_{.2}$	……	$f_{.n}$	$f_{..}$

質的データはそのカテゴリーの個数（例えば，それぞれ m 個，n 個とする）により，m 行，n 列の**分割表 Contingency table** に分けることができ，このような表を **$m \times n$ の分割表**という。

5.2　関連係数

$m \times n$ の分割表の基本となるものは $m = n = 2$ の分割表で，2行2列の分割表は **2×2の分割表**と呼ばれる（表5-2参照）。このとき，2つの属性間の関係の強さを測る量的尺度として**関連係数 Q**（ϕ **係数**ともいう）がよく

使われる。関連係数は各升目 cell の実数値のたすき掛けの和に対する差の比率として定義され，簡単に計算結果が得られるので便利である。

表5-2 2×2の分割表

属性		II		行和
		○	×	
I	○	a	b	$a+b$
	×	c	d	$c+d$
列和		$a+c$	$b+d$	n

注：総和 $n=a+b+c+d$

すなわち，

$$Q = \frac{ad-bc}{ad+bc} \tag{5.1}$$

あるいは，

$$\Phi = \frac{ad-bc}{\sqrt{(a+b)(c+d)(a+c)(b+d)}} \tag{5.2}$$

ただし，$-1 \leq Q \leq 1$ であり，$|Q|=1$ のとき，2つの属性間には強い関連性があり，$Q=0$ のときは関連がないといえる。Φ の場合も同様である。

〈例題 5.1〉
表 5-3 は睡眠薬の効き目を男女別に示している。この表から関連係数を求めなさい。

表5-3 男女別睡眠薬の効きめ（架空データ）

属性		II 性別		行和
		男	女	
I 効能	あり	12	16	28
	なし	8	4	12
列和		20	20	40

関連係数 Q は

$$Q = (ad-bc)/(ad+bc)$$
$$= (12 \times 4 - 16 \times 8)/(12 \times 4 + 16 \times 8)$$
$$= -80/176$$
$$= -0.455$$

となり，関連はあるがさほど強いものではないということになる。

5.3 相関分析

ある商品が売れた原因は何か？ 気象状況か，広告・宣伝費の効果か？ あるいは，偶然か？ また，同一地域内で複数のコンビニが店舗展開したときにこれらの店舗間で売上げはどのように推移しているのか？ また，物価と賃金の変化はどのような関係にあるのか？ 等々，経済・経営・社会現象やその裏にある真の関係について考えることはしばしばある。

統計指標として把握できる2つ以上の変数間の関係についてとりわけ因果的関係を把握するには，①関係が存在するのか，②関係の強さや程度がどの程度であるのか，③因果関係が理論的に存在するのかといった点について答える必要がある。

相関係数 *Correlation coefficient*（以下 *r* とする）は，2変数間の関係の測度であり，2つ以上の変数の直線的関係，すなわち，一方の変数が増加（減少）しているときに他方の変数が増加したり，減少したりという対応する変化の強さを測るものである。

相関係数 r は，$-1.000 \leq r \leq 1.000$ の範囲を動き，$r=0.000$ のとき，変数間は相関関係がなく（**無相関**という），$r=1.000$ ならば変数間には強い相関があるといわれる。また，$|r|$ が等しければ直線的な関係はその方向が異なるのみでその強さは等しい。＋の値の場合はポジティブ，正の相関があるといわれ，－の値の場合はネガティブ，負の相関があるといわれる。

5.4 散布図

2変数をそれぞれ x 軸, y 軸にとり, 変数の対 (x_i, y_i) を点で示したものを**散布図** *Scatter diagram* という。散布図は予備的に2変数間の相関のありようをビジュアルに伝えてくれ, とくに方向性やデータの集中の仕方をグラフィックに示す。しかし, 相関分析はあくまでも直線的な関係を示すのみであり, 非線形の関係の測定はできない。図5-1には, いくつかのタイプの線形・非線形関係と相関係数 r が示されている。

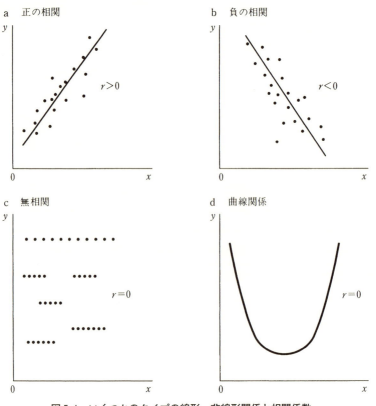

図5-1 いくつかのタイプの線形・非線形関係と相関係数 r

5.5 相関係数の計算

相関係数 r は次式により計算できる。

$$r = \frac{\sum(x_i - \bar{x})(y_i - \bar{y})/n}{\sqrt{\sum(x_i - \bar{x})^2 \sum(y_i - \bar{y})^2}/n} \tag{5.3}$$

あるいは,

$$r = \frac{(\sum x_i y_i - \sum x_i \sum y_i / n)}{\sqrt{\sum x_i^2 - (\sum x_i)^2/n} \sqrt{\sum y_i^2 - (\sum y_i)^2/n}} \tag{5.4}$$

である。

また,相関係数は変形すると

$$r = \frac{\sum(x_i - \bar{x})(y_i - \bar{y})/n}{\sqrt{\dfrac{\sum(x_i - \bar{x})^2}{n}} \sqrt{\dfrac{\sum(y_i - \bar{y})^2}{n}}} \tag{5.5}$$

$$= \frac{cov(x, y)}{\sigma_x \sigma_y}$$

となる。ここに分子は x と y の共分散 $cov(x, y)$ であり,σ_x は x の標準偏差,σ_y は y の標準偏差であるから,相関係数 r は x と y の共分散を x, y の標準偏差の積で除したものであることが判る。簡便式は以下のようになる。

$$cov(x, y) = \left(\frac{\sum x_i y_i}{n}\right) - \bar{x} \cdot \bar{y}$$

また,相関係数 r の値とその解釈については表 5-4 参照のこと。

表 5-4 相関係数 r の値とその解釈

相関係数 r の絶対値 $\|r\|$	解　釈
0.00～0.19	ほとんど相関関係なし
0.20～0.39	相関関係がないとはいえない
0.40～0.69	相関関係あり
0.70～0.89	強い相関関係あり
0.90～1.00	非常に強い相関関係あり

それでは，相関係数を実際に計算してみることとしよう。

表5-5は，我が国の耐久消費財の普及率の推移（一般世帯）を示したものである。主要とはいえ，多くの耐久消費財の普及率が示されているため，もう少し財を絞ってグラフ化したものが図5-2である。ただし，調査の開始年が異なっているため，1960年（高度経済成長期が始まった5年後）以降の普及率となっている。

ここからわかることは，時間の経過にしたがって普及率が高まっている消費財，例えば，カラーテレビ，自動車，パソコン等がある一方で，他方では，2004年以降普及率が低下している中古車，同様に2006年以降普及率が低下しているブラウン管テレビなど逆方向の動きを示していることである。二つの変数が同じ方向に変化していくことは**順相関**と呼ばれ，逆方向に動く場合には**逆相関**と呼ばれる。

カラーテレビ，自動車，パソコン等の増加傾向にある財同士を選んで相関係数 r を計算すれば，正の相関係数が得られ，また，負の方向とはいえ，同じ方向に変化している中古車とブラウン管テレビの相関係数 r を計算すれば，やはり正の相関係数 r が得られるはずである。

カラーテレビ，自動車，パソコン，ブラウン管テレビと中古車の5財の間の相関係数 r をみてみよう。

カラーテレビと自動車の普及率の相関係数 r は0.857と高くなるのに対し，

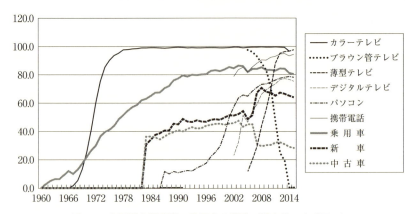

図5-2　主要耐久消費財の普及率の推移（財を絞ったグラフ）

表 5-5　主要耐久消費財の普及率の推移（一般世帯）

(単位:%)　　　　　　　　　　　　　　　　　　　　　　　　　　　　　　　　　　　(単位:%)

	ファンヒーター	ルームエアコン	カラーテレビ	ブラウン管	薄型（液晶等）	ビデオカメラ	デジタルカメラ	パソコン	ファクシミリ	携帯電話	乗用車	購入したもの新車	購入したもの中古車
	FH	R Air	CTV	BTV	薄TV	VTR	DegiC	PC	Faxi	CPho	Car	CarNew	CarUsed
1960						2.4							
1961		0.4				2.8					2.8		
1962		0.7				3.8					5.1		
1963		1.3				4.7					6.1		
1964		1.7				3.2					6.0		
1965		2.0				3.4					9.2		
1966		2.0	0.3			4.0					12.1		
1967		2.8	1.6			4.1					9.5		
1968		3.9	5.4			5.1					13.1		
1969		4.7	13.9								17.3		
1970		5.9	26.3								22.1		
1971		7.7	42.3								26.8		
1972		9.3	61.1								30.1		
1973		12.9	75.8								36.7		
1974		12.4	85.9			7.1					39.8		
1975		17.2	90.3			7.9					41.2		
1976		19.5	93.7			9.0					44.0		
1977		25.7	95.4			10.1					48.7		
1978		29.9	97.7			8.6					51.7		
1979		35.5	97.8			9.3					54.6		
1980		39.2	98.2			8.6					57.2		
1981		41.2	98.5			9.0					58.5		
1982		42.2	98.9			8.8					62.0		
1983	18.5	49.6	98.8			8.2					62.9	31.0	36.2
1984	22.3	49.3	99.2			8.8					64.8	33.8	36.2
1985	28.7	52.3	99.1			8.4					67.4	37.5	35.4
1986	33.2	54.6	98.9			8.5					67.4	38.5	34.2
1987	37.1	57.0	98.7			10.4		11.7			70.6	40.5	36.3
1988	40.4	59.3	99.0			11.3		9.7			71.9	40.5	38.2
1989	45.4	63.3	99.3			14.9		11.6			76.0	45.5	39.2
1990	48.0	63.7	99.4			15.6		10.6			77.3	44.8	40.9
1991	53.6	68.1	99.3			23.7		11.5			79.5	48.7	39.9
1992	55.6	69.8	99.0			26.0		12.2	5.5		78.6	46.8	41.7
1993	56.4	72.3	99.1			25.6		11.9	6.7		80.0	46.7	42.8
1994	59.0	74.2	99.0			29.9		13.9	7.6		79.7	47.6	41.9
1995	59.2	77.2	98.9			31.3		15.6	10.0		80.0	47.0	42.2
1996	61.0	77.2	99.1			32.3		17.3	12.9		80.1	46.6	43.9
1997	61.9	79.3	99.2			33.6		22.1	17.5		82.6	48.1	44.5
1998	61.9	81.9	99.2			35.0		25.2	22.2		83.1	48.4	45.2
1999	62.6	84.4	98.9			36.3		29.5	26.4		82.5	48.0	45.4
2000	63.7	86.2	99.0			37.9		38.6	32.9		83.6	49.7	45.5
2001	64.2	86.2	99.2			36.8		50.1	35.5		85.3	51.1	45.3
2002	65.6	87.2	99.3			37.2	22.7	57.2	39.3	78.6	84.4	50.9	45.7
2003	66.9	88.8	99.4			39.1	32.0	63.3	42.8	83.3	86.4	52.0	47.5
2004	67.5	87.1	99.0			42.0	51.8	65.7	45.6	85.1	86.0	54.4	43.1
2005	68.8	87.0	99.3	97.4	11.5	39.6	46.2	64.6	49.7	82.0	81.6	48.2	44.9
2006	67.5	88.2	99.4	96.2	19.8	40.2	53.7	68.3	56.7	85.3	83.9	51.1	44.9
2007	66.2	88.6	99.5	92.9	29.4	41.2	58.9	71.0	57.7	88.0	83.9	67.1	30.9
2008	64.4	89.0	99.7	88.3	43.9	41.4	66.0	73.1	59.0	90.5	85.1	70.7	29.1
2009	65.0	87.9	99.4	83.5	54.9	41.0	69.2	73.2	58.0	90.2	83.2	67.8	29.9
2010	65.6	89.0	99.5	71.6	69.2	40.0	71.5	74.6	57.7	92.4	83.3	67.3	30.2
2011	63.0	89.2	99.6	47.3	87.9	39.9	73.3	76.0	56.4	92.9	82.7	64.9	31.9
2012	64.4	90.0	99.4	24.5	95.2	40.2	76.3	77.3	58.6	94.5	84.2	67.3	31.9
2013	61.7	90.5	99.3	19.0	96.4	41.5	77.0	78.0	57.8	95.0	84.1	66.5	30.8
2014	59.9	90.6	96.5	—	96.5	40.1	76.5	78.7	57.4	93.2	81.0	65.1	28.8
2015	59.1	91.2	97.5	—	97.5	39.1	75.2	78.0	56.2	94.4	80.1	63.9	28.0

カラーテレビとパソコン，ブラウン管テレビ，中古車の相関係数 r はそれぞれ－0.079，0.190，0.251と相関は見られない。また，自動車とパソコンの相関係数 r は0.669と相関関係が確認できるが，自動車とブラウン管テレビ，中古車の相関係数 r はそれぞれ－0.206，0.174となり，相関は見られない。

さらに，パソコンとブラウン管テレビの相関係数 r は－0.846となり，逆相関が確認できる。「パソコンが普及するほどブラウン管テレビの普及率は低下する」という訳である。しかし，パソコンとブラウン管テレビには，ミクロ経済学でいうところの，財の代替性はあるのであろうか？

また，パソコンと中古車の普及率も－0.535と負の相関を示すが，これらの間に因果関係がある訳ではない。ブラウン管テレビと中古車の相関係数が0.425と低い値になるが，やはり，これらの財の間に代替関係はない。

ここから，読者には相関関係と因果関係の相違を強く意識して欲しいと思うとともに，因果関係すなわち，原因と結果についての理論仮説を考えることの大切さも認識してほしいと思う。

〈代替関係と相関関係〉

表5-5に示された財の間に代替関係のある組み合わせを見つけ，その財の間の相関係数を計算してみよう。

例えば，ブラウン管TVと薄型TVの代替性はどうであろうか？ 薄型TV（液晶，プラズマTV等）がこの普及率調査の対象となったのは，その普及率が11.5％となった2004年以降であり，逆にブラウン管テレビが調査対象から外されたのは2014年であった。したがって，2004年から2013年までの9年間のデータを用いて計算した相関係数は－0.936となり，図5-3からもわかるように見事に逆相関を示している。

また，一見，代替性がありそうな携帯電話とデジタルカメラの相関係数は，2002年から2015年の間のデータで計算する限り，$r=0.964$ となり，やはり高い正の相関を示している。携帯電話とデジタルカメラの代替性は，カメラ機能という点での代替性なのであるが，実は，この普及率調査の「但し書き」に，2005年から「カメラ付携帯電話」が含まれなくなったことが上記の

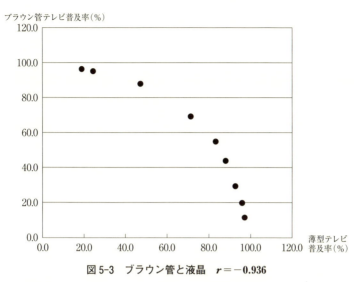

図 5-3　ブラウン管と液晶　　$r = -0.936$

高い正の相関を示す一因となっていることが想像される．こうした点からも，調査データの対象の定義や範囲を確認していくことはとても大切なことであることがわかる．

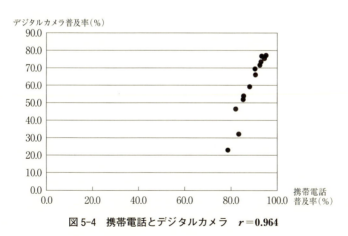

図 5-4　携帯電話とデジタルカメラ　　$r = 0.964$

また，新車と中古車の相関はどうであろうか？　これらの間には，代替性が少なからずありそうである．自動車を購入する人は基本的には，与えられた資金（計画）のもとで，新車か中古車のどちらかを選ぶのであり，「新車

の販売が増えれば，中古車の販売は減少する」か，仮に中古車の販売の伸びはプラスであっても，新車の伸びほどにはならないと考えられる。

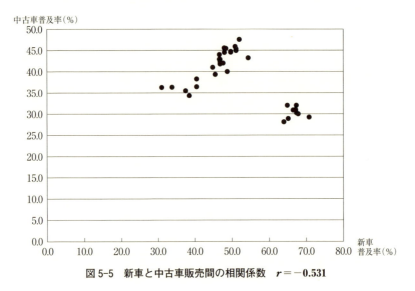

図5-5　新車と中古車販売間の相関係数　$r = -0.531$

実際，表5-5の1983年から2015年のデータを用いて計算した相関係数 r は，$r = -0.531$ と負（逆）の相関を示している。ここから，理論仮説の両財の代替性が一定確認できるのである。

5.6　時差相関係数

時差相関係数は相関係数を用いて，時系列データ間の先行・遅行関係を調べるときなどに用いられる。時差については，データの特性によりさまざまな組み合わせが考えられるが，計算結果の中で最大の r の値をとるラグ（時差）が変数間の最も強い相関関係がある時差を示してくれるのである。

$$r = \frac{\sum_{i=1}^{n-(i-j)}(x_i - \bar{x})(y_{i-j} - \bar{y})}{\sqrt{\sum_{i=1}^{n-(i-j)}(x_i - \bar{x})^2 \sum_{i=1}^{n-(i-j)}(y_{i-j} - \bar{y})^2}} \tag{5.6}$$

ただし，$i = 1, 2, \cdots, n$, $j = 1, 2, \cdots, n-1$, n である。

5.7 スピアマンの順位相関係数

データが順位で与えられている場合の相関係数の計算には**スピアマンの順位相関係数 Rho** が使える。あるいは，順位が与えられていなくても順位を付与すれば用いることができる。

同一順位のデータが複数ある場合には，当該順位の値と［当該順位＋（同一順位の個数－1）］の値との中央値を当該データの値として用いればよい。

$$Rho = 1 - 6\frac{\sum D_i^2}{n(n^2-1)} \tag{5.7}$$

ここに，D_i は各主体の2つの順位の差であり，n はデータ数である。

今，二人のソムリエ ST と F が8種類のワインについて，その美味しいと思う順にランキング付けを行った結果が下記の表のように，8種類すべてについて同じ順位となっているとする。

このとき，前ページの公式に基づき，順位相関関係数 Rho を計算してみると，

　　順位相関係数　$Rho = 1.000$

となる。各自で確かめてみよ。

ワイン	ST	F
A	5	5
B	2	2
C	6	6
D	4	4
E	8	8
F	3	3
G	7	7
H	1	1

また，次の表は，2人の不動産鑑定士 ST と F による8つの都道府県内の政令市の路線価についての評価を順位付けしたものである。これから，スピアマンの順位相関係数 Rho を計算し，その結果について解説してみる。

土地	ST	F
大阪A市	1	5
横浜B市	2	2
名古屋C市	3	6
東京D市	4	7
福岡E市	5	4
仙台F市	6	1
京都G市	7	8
札幌H市	8	3

順位相関係数　$Rho = -0.0238$

となり，ほとんど順位相関がなく，2人の不動産鑑定士 ST と F の評価基準には共通性がないことがうかがわれる。客観的な「路線価」とは何かと考えさせられるが，こんなことが起きることはめったにないかもしれないが…。

〈例題 5.2〉

下表 5-6 はある時期の地域別主要耐久消費財の普及率の順位を示している。これから，スピアマンの順位相関係数 Rho を計算しなさい。

表 5-6　地域別主要耐久消費財の普及率

	関東地方		中国・四国地方		Di	Di^2
	普及率%	順位	普及率%	順位		
衛星放送受信装置	22.0	7	24.6	6	1	1
VTR	78.7	1	74.8	1	0	0
ビデオカメラ	31.4	6	22.3	8	−2	4
ビデオディスクプレーヤー	18.9	8	18.2	9	−1	1
カラオケ装置	15.7	9	23.7	7	2	4
ステレオ	66.7	2	62.1	2	0	0
CDプレーヤー	61.4	3	49.5	3.5	−0.5	0.25
ワープロ	39.2	5	33.4	5	0	0
パソコン	13.5	10	11.4	10	0	0
ファクシミリ	8.0	11	5.5	11	0	0
プッシュホン	57.4	4	49.5	3.5	0.5	0.25

$$Rho = 1 - 6\sum D_i^2 / n(n^2 - 1)$$
$$= 1 - 6 \times 10.5/11(11^2 - 1)$$
$$= 0.952$$

よって，耐久消費財とその地域別普及率には高い順位相関があるということになる。

第6章 確率とは何か？

本章では，先ず，推測統計学の基礎をなす確率概念や確率の公理，ベイズの定理，事後確率（原因の確率）などについて説明する。

6.1 2つの確率概念

確率は一般に，ある事象の起こりやすさ（蓋然性ともいいます）あるいはある特殊な事象の起こる**機会 Chance** として定義されるが，他方で，ある認識の確からしさという形でも定義されることがある。前者を**事象の確率**，また，後者を**認識の確率**と呼ぶことにする。

6.1.1 客観確率 Objective (Calculated) probability

事象の確率は**客観確率 Objective (Calculated) probability** あるいは**経験確率**，**頻度確率**などとも呼ばれ，数式や経験的証拠に基づき計算される。いま事象 x の起こる確率を $P(x)$ と表すと以下のように表せる。

$$P(x) = \frac{X の生起した数}{可能なすべての事象の数} \tag{6.1}$$

〈例〉
① サイコロ投げで1の目の出る確率 $p=1/6$
② サイコロ投げで1の目が連続して出る確率 $p=1/6 \times 1/6 = 1/36$
③ 100人から10人が選ばれる確率 $p=10/100=1/10$

6.1.2 主観確率 Subjective probability

事象の起こる確率がある個人や集団の主観的あるいは専門的判断に基づくような場合には，確率は**主観確率**と呼ばれる。

〈例〉
① 1億円の広告費を増額すれば，次年度の売上げが50億円増加する確率は25％であるという場合
② 流行はその財市場全体の5％を超えたときに生ずるというような場合

6.2 確率の公理

確率概念には，客観的なものと主観的なものとがあることが分かったが，確率という概念を用いるときには何も制約がないのであろうか？ 実は，すべての確率が満たさなければならない3つの公理がある。以下にこれらを示すことにしよう。

確率の公理

（1） $0 \leq P(X) \leq 1$

すべての確率が0から1までの値をとる。確率がゼロとは，当該事象が絶対起きないことを意味し，また確率が1とは当該事象が必ず起きることを意味する。

（2） $\sum P_i(X) = 1$

与えられた事象の中で起こりうるすべての可能な事象の確率の和は1となる。

（3） $P(X) + P(\bar{X}) = 1$

いま，ある事象が起こる場合と起こらない場合 $\bar{X}$（Xバー）で可能な事象がすべて尽くされているとすると，事象の起こる確率と起こらない確率の和は1となる。

いま，半導体の生産において良品 Goods と不良品 Bads のいずれかが発生する場合，これらの事象は基本事象Eと呼ばれ，基本事象の集合S {良品, 不良品} は**標本空間** Ω と呼ばれる。このとき，良品の発生を事象 G，不良品の発生を事象 B とすると，

確率の公理(1)より，$0 \leq P(G) \leq 1$, $0 \leq P(B) \leq 1$
また，公理(2)より，$\sum P_i(X) = P(G) + P(B) = 1$

また，この場合，良品という事象 G と不良品という事象 B は同時には起こりえない**排反事象 exclusive event** なので，事象 B は事象 G の**余事象**と呼ばれ，$B = \overline{A}$ と表される（図6-1 参照）。

確率の公理(3)より，$P(B) = 1 - P(G)$ となる。
また，基本事象のない集合は**空集合 Φ** ファイと呼ばれ，$P(\Phi) = 0$ となる。

〈例題 6.1〉
① $P(X) = 0.5$ となる事象について考えなさい。
② $\sum P(X_i) = P(X_1) + P(X_2) + P(X_3) + \cdots\cdots P(X_{n-1}) + P(X_n)$
となる事象を挙げた上で，これらの和が1となることを確認しなさい。
③ $P(X) + P(\overline{X}) = 1$ となる事象を下記のベン図6-1 に示したが，事象について具体的ケースを挙げてみなさい。

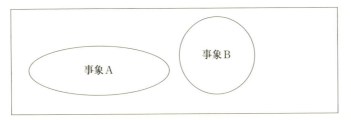

図6-1　ベン図（排反事象）

6.3 加法定理，条件付確率，乗法定理

確率の計算を行う際に用いられるその他の定理・公式として**加法定理** *Additional rule*，**条件付確率** *Conditional probability* と**乗法定理** *Multiplication rule* がある。

6.3.1 加法定理

いま,可能な事象が排反でない場合には,確率の計算はどうなるであろうか? 排反でない事象はベン図で示すと図6-2のようになる。

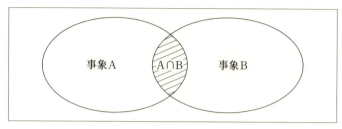

図6-2

こうした重なりの部分は**積事象 $A \cap B$** と呼ばれるが,事象 A と B の起こる確率は両者の単純な和にはならず,重なりの部分 $A \cap B$(図6-2の斜線部分)をこの和から引かなければならなくなる。

これは,次のように表現でき,排反事象,排反でない事象いずれにも用いることが可能となり,**加法定理** *Additional rule* と呼ばれる。

$$P(A \cup B) = P(A) + P(B) - P(A \cap B) \tag{6.2}$$

6.3.2 条件付確率 *Conditional probability*

2つ以上の事象があるとき,1つの事象 A が起こったことを知った上で,別の事象 B の起こる確率を計算したい場合がある。それは,事象 A の結果次第で事象 B の生ずる確率が変化するからである。このような確率の計算には次のように定義される**条件付確率** *Conditional probability* が利用される。

条件付確率

A, B 2つの事象があるとき,事象 B が生じた上で事象 A の起こる条件付確率 $P(A|B)$ は,

$$P(A|B) = \frac{P(A \cap B)}{P(B)} \tag{6.3}$$

ここに,$0 \leq P(B) \leq 1$ である。また,$P(A \cap B) = P(B \cap A)$ である。

条件付確率は，気象要因により売れ筋が変わる商品の場合などを思い浮かべてもらうとイメージが湧くと思う。表6-1, 2参照されたい。

表6-1 気温の変化で売れ筋が変わる

気温	商品
30℃以上	かき氷
29℃	パラソル
28℃	サンオイル，ビアホール売上げ倍増
27℃	スイカ，ところ天
26℃	殺虫剤
25℃	冷や麦，アイスクリーム
24℃	水着，サンダル
23℃	甚平，浴衣
22℃	ビール
21℃	ポロシャツ
20℃	エアコン，すだれ
19℃	半そでシャツ
18℃	ガラス食品，おでん材料
17℃	長袖ブラウス
16℃	鍋料理
15℃	ショートコート
14℃	毛布・ガウン，スキー用品
13℃	冬物スーツ，手袋
12℃	おでん
11℃	セーター
10℃	ロングコート，ダウンジャケット
9℃	湯豆腐
8℃	暖房器具
7℃	灯油

（出所）『天気博士の経済学』講談社，1985年

表6-2 気象要因による意志決定が左右されるビジネスおよび商品例

アイスクリーム	30℃では，20℃のときの2倍の売れ行き。7月が最高。夏は冬の25倍
ビール	30℃以上で売り上げ，売れ行き急伸。晴天時消費量を100とすると雨天時は79
飲料用水	最高気温が30℃を超すと需要急増。30℃以上で，1℃上がる毎に500トンずつ消費量が増加
洗濯用石鹸	大雨の後，晴れると売れ行きが良い。長雨の場合は逆に売れ行きは止まる

写真用フィルム	晴天の日に良く売れ，雨天の日はまるで売れない
クリーニング	雨だと注文がこない
ガス・石油・電気	気温の変化により消費量も変化
都バスの乗客数	晴れの日を100%とすると，曇りの日は85%，雨の日は80%
スキー場	冬，雪が少ないと，ロッジなどの施設は経営困難に
海水浴場	夏涼しいと，民宿・売店・海の家などが痛手を受ける
遊園地	行楽シーズンの長雨や土日が雨だと入場客が減る
映画館・劇場	週末雨天の場合，人が多く入る

(出所)　(株)ウェザーニュース監修・日本能率協会総合研究所編『気象情報活用マニュアル』

〈例題 6.2〉

① トランプのカードを1枚引いたときそれがエースである確率はいくらか？

また，トランプのカードを1枚引いてそれがスペードのカードであることがわかっているときに，それがエースである確率はいくらか？

② あるテニスラケット・メーカーは A, B 2つの工場をもっており，それぞれの生産シェアは，60%，40%である。また，両工場で共通して生産する部品が全社の10%となっているという。いま，A 工場で生産された部品について，共通生産される部品の確率（割合）はいくらになるか？

6.3.3　乗法定理

加法定理の式を変形すると，次式が得られる。

$$P(A \cap B) = P(B) \times P(A|B)$$

また，加法定理の A, B 事象の位置を入れ替えると，

$$P(B|A) = \frac{P(A \cap B)}{P(A)} \tag{6.4}$$

となり，

$$P(B \cap A) = P(A) \times P(B|A) \tag{6.5}$$

が得られる。

$P(A \cap B)$ と $P(B \cap A)$ は等しいので，

$$P(A \cap B) = P(B) \times P(A|B) = P(A) \times P(B|A) \tag{6.6}$$

これを結合事象に関する**乗法定理** *Multiplication rule* と呼ぶ。

この式は条件 B（あるいは A）が結果 A（あるいは B）に影響を与えるときに意味をもつのであり，影響を与えないときには次にみる統計的独立という関係が成立することになる。

6.3.4 統計的独立

条件 B（あるいは A）が結果 A（あるいは B）に影響を与えないときには，$P(A|B) = P(A)$ または $P(B|A) = P(B)$ となるので，乗法定理の式は

$$P(A \cap B) = P(B) \times P(A) = P(A) \times P(B) \tag{6.7}$$

となる。

2つの事象 A, B があり，$P(A) > 0$, かつ $P(B) > 0$ とする。

いま，$P(A|B) = P(A)$ または $P(B|A) = P(B)$ が成り立つとき，2つの事象 A, B は**統計的に独立** *Statistical independence* であるという。

6.4 ベイズの定理

不良品や欠陥商品の要因は，部品の製造段階，完成品の組立段階，輸送段階や消費者・ユーザーの使用段階等で発生する可能性がある。検査や使用法に関する詳細な説明などの取り組みが行われる所以である。しかし，原因の特定は必ずしも容易なことではない。

このようにある事象（結果）A が起きたときに，複数の事象 B_i（$i = 1, 2, 3 \cdots n_{-1}, n$）が原因と考えられ，1つに特定できない場合やある病気の兆候が認められたときにその人が本当に病気である確率を考える場合に**ベイズの定理** *Bayes' theorem* が利用可能である。

> **ベイズの定理**
>
> 標本空間を構成する事象 B_1, B_2, B_3……B_{n-1}, B_n があり,
> 事象 B が互いに排反 $(B_i \cap B_j = \Phi)$ で, $P(B_i) \neq 0$ であるとすると,
>
> $$P(B_i|A) = \frac{P(B_i)P(A|B_i)}{\sum P(B_i)P(A|B_i)} \tag{6.8}$$
>
> ここに, $P(B_i)$ を原因 B_i の**事前確率**, $P(B_i|A)$ を**事後確率**と呼ぶ。

いま,テニスラケット・メーカーが Y 社, M 社, B 社の3社のみであり,各々のテニスラケット市場でのシェアは50%, 30%, 20%であるとする。また,各々の工場での不良品発生率は0.001, 0.005, 0.01ということが判っている。

いま,あるラケットが欠陥をもっている(事象 D とする)ことが判ったとき,このラケットが Y 社, M 社, B 社製である**事後確率**(**原因の確率**)を求めてみよう。

解答は次のようになる。

Y 社, M 社, B 社のテニスラケット市場でのシェアは50%, 30%, 20%であるから,

$$P(Y)=0.5, P(M)=0.3, P(B)=0.2$$

また,各々の工場での不良品発生率は0.001, 0.005, 0.01であるから,

$$P(D|Y)=0.001, P(D|M)=0.005, P(D|B)=0.01$$

となる。

乗法定理より, $Y \cap D$, $M \cap D$, $B \cap D$ という積事象の確率を求めると,

$$P(Y \cap D) = P(Y) \times P(D|Y) = 0.5 \times 0.001 = 0.0005$$
$$P(M \cap D) = P(M) \times P(D|M) = 0.3 \times 0.005 = 0.0015$$
$$P(B \cap D) = P(B) \times P(D|B) = 0.2 \times 0.01 = 0.002$$
$$\therefore P(D) = P(Y \cap D) + P(M \cap D) + P(B \cap D)$$
$$= 0.004$$

故に事後確率は,

$$P(Y|D)=\frac{P(Y\cap D)}{P(D)}=\frac{0.0005}{0.04}=0.125$$

同様に，$P(M|D)=0.375$，$P(B|D)=0.5$
以上をまとめると，表6-3のようになる。

表6-3 欠陥ラケットの原因の確率

	シェア（％）	欠陥率（％）	事後確率(原因の確率,％)
Y社	50.0	0.1	12.5
M社	30.0	0.5	37.5
B社	20.0	1.0	50.0

この表をもとに確率樹（樹形図）を作成することができる（図6-3参照）。

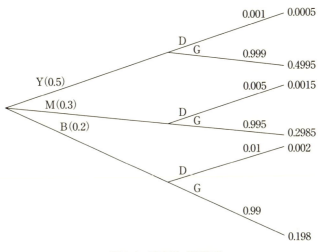

図6-3 確率樹（樹形図）

第7章　確率分布

本章では，確率変数と確率分布について説明を行う。確率分布は大きくは，離散的分布と連続的分布に分けることができるが，離散的分布として，ベルヌーイ分布，二項分布，超幾何分布を，また，連続的分布としてはポアソン分布，正規分布を説明する。

7.1　確率変数と確率分布

変数 Variable とは，ある x がさまざまな値をとりうると見なせることを意味しているが，**ランダム Random** という言葉は結果が特定のパターンで生じないことを意味している。また，しかしながら，特定のパターンに従わずとも，確率の公理を満たすような形で変数が生じてくるのであれば，その変数は**確率変数 Probabilistic (Random) variable** と呼ばれる。

確率変数に関して変数とその生ずる確率をまとめた表を**確率分布表**と呼び，それをグラフ化したものは**確率分布**と呼ばれる（表7-1 参照）。

表7-1　確率分布表　サイコロ投げで各目の出る確率

目の数	1	2	3	4	5	6	総和
確　率	1/6	1/6	1/6	1/6	1/6	1/6	1

確率変数には離散型と連続型という2つのタイプがある。

離散型確率変数とは，確率変数が異なる有限数をとるか，加算可能な異なる値をとるものであり，上記のサイコロ投げの目のケースはこれに該当する。その分布は**離散型確率分布 Discrete distribution** と呼ばれる。これに対し，

実数値をとる確率変数は連続型確率変数といわれ，その分布は**連続型確率分布** *Continuous distribution* と呼ばれる。

以下では離散型確率分布として一様分布，ベルヌーイ分布，二項分布，超幾何分布を連続型分布としてポアソン分布，正規分布を説明する。

7.2 一様分布

一様分布 *Uniform distribution* は，各変数のとる確率が等しくなる分布である。サイコロ投げの目の出るケースはその確率は1/6で等しく一様分布となる。

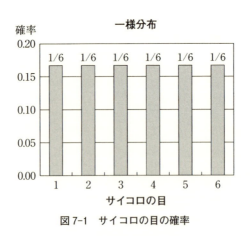

図 7-1 サイコロの目の確率

7.3 ベルヌーイ分布と二項分布

互いに排反な2つの可能な結果しかもたない事象を考えてみよう。電車が時間通りに｛来る，来ない｝，ある製品が納期内に｛完成する，完成しない｝，交通事故に｛遭う，遭わない｝，品切れが｛起きる，起きない｝など，日常の生活や活動にはこうした2つの可能な結果しか生じない事象は少なくない。

7.3.1 ベルヌーイ分布

互いに排反な2つの可能な結果しかない事象を1回のみ行う場合，この試行は**ベルヌーイ試行**と呼ばれ，確率変数 X は**ベルヌーイ分布**に従う（表7-2 参照）。

ベルヌーイ分布は次のように表される。

$$P(X=x)=px+q(1-x) \qquad (x=0,1) \tag{7.1}$$

表 7-2 ベルヌーイ分布

X の値：x	0	1
確率：$P(X=x)$	$q\,(=1-p)$	p

7.3.2 二項分布

ベルヌーイ試行を n 回繰り返すと確率変数 X は**二項分布 Binominal ditribution $B\,(n,\,p)$** に従う。ここに p は1回の試行で関心のある事象の起こる確率である。二項分布 $B\,(n,\,p)$ の期待値，分散はそれぞれ

$$E(X)=\mu=np,\ V(X)=\sigma^2=npq$$

である。

ただ，この場合，確率変数 X は次の4つの条件を満たすことが必要である。

① 1回の試行は2通りの結果しかなく，それぞれが起こる確率は
 $p,\ q(=1-p)$ であり，$p+q=1$ である。
② $p,\ q$ の値はどの試行においても一定であること。
③ それぞれの試行の結果は独立であること。
④ 試行回数 n は一定であること。

一般に n 回の試行中，関心のある事象 S が x 回起こる場合の数は ${}_nC_x$ だから二項分布は次のように表せる。

$$P(X=x)={}_nC_x p^x q^{n-x} \tag{7.2}$$
$$(n=0,1,2,\cdots\cdots,n-1,n)$$

ここに，

$${}_nC_x=\frac{n!}{(n-x)!\,x!}$$

$$n! = n \times (n-1) \times (n-2) \times (n-3) \cdots 3 \times 2 \times 1$$

例えば，$n=10$，$p=0.5$ の場合，二項分布は図 7-2 のようになる。

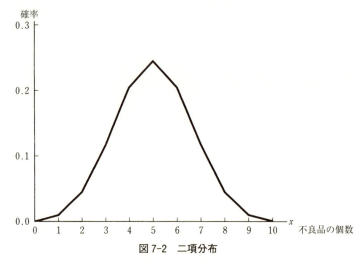

図 7-2　二項分布

7.4　ポアソン分布

　事象そのものは二項分布に従わないが，その事象の発生する時間や空間を非常に細かく区切っていくと，1回の単位時間（空間）においてある事象が非常に小さい確率 p で発生するかしないかというベルヌーイ試行的状況になる。このように全体を n 個の単位に区分する場合には二項分布の近似としてポアソン分布が適用できる。二項分布の平均は np で，p を充分小さい値であると仮定して $np=\lambda$ とすると，$p=\lambda/n$ となる。このとき，次式で定義される分布を**ポアソン分布** *Poisson distribution* という。

$$P(X=x) = \frac{\lambda^x e^{-x}}{x!} \tag{7.3}$$

ポアソン分布の期待値 $E(X)=\mu=\lambda$，分散 $\sigma^2=V(X)=\sigma^2=\lambda$ である。
また，ポアソン分布の適用条件は次の通りである。
① 事象は同時に2回以上起きないこと。
② 各事象は独立であること。

③ 与えられた時間または空間での事象の平均生起数は一定であること。

ポアソン分布はパラメータが λ のみであることから，p や n が未知であっても事象の起こる回数だけが問題となるような場合，単位人口当たりで1年間に特定の死因で死亡する人数の度数分布や自動車などの故障確率，待ち行列における単位時間当たりの到着数，電話の呼び出しなどに応用されている。

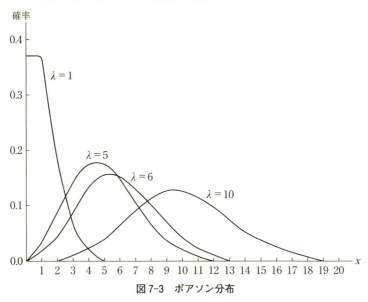

図7-3 ポアソン分布

7.5 超幾何分布

ある箱には全体で N 個のボールが入っており，ボールは2つの異なる属性（赤色 R 群と白色 W 群）に分類され，赤色のボールは m 個，白色のボールは $(N-m)$ 個あるとする。今，赤色 R 群から x 個，白色 W 群から $(N-x)$ 個，取り出したものを元に戻さない非復元抽出で合計 n 個を取り出すとする。このとき，n 個中の赤色の個数 n の分布は

$$P(X=x) = \frac{{}_m C_x \times {}_{n-m} C_{n-x}}{{}_N C_n}$$

$(n = 0, 1, 2, \cdots\cdots, n-1, n)$ \hfill (7.4)

となり，この分布は**超幾何分布 Hyper geometric distribution** と呼ばれる。

〈例題 7.1〉

民間航空機会社は「サンプリング・プラン」という整備方式を導入している。全体的な整備は 5 機に 1 機の割合（20％）での飛行機のサンプリング検査で行うというものである。

いま，全体で 50 機の飛行機を保有している航空会社がこの方式を導入しているために欠陥機があるにもかかわらずそれが発見されずに就航してしまう確率を求めてみよう。

保有航空機数を N とすると $N=50$，その 20％である 10 機が選ばれるので，$n=10$ である。欠陥機（d 機）が 3 機あるとすると，求める確率は $P(X=0|d=3)$ と表せる。

式より，
$$P(X=0|d=3) = {}_3C_0 \times {}_{47}C_{10} / {}_{50}C_{10}$$
$$= 0.504$$

となる。これは，どの欠陥機も発見されずに「合格」とされ，就航してしまう確率の方が，少なくとも 1 機発見される確率よりも高いことを示している。

7.6 正規分布

連続型の確率分布の代表である**正規分布 Normal distribution** はもともと偶然に基づく誤差の分布としてガウスにより考え出されたものである。社会現象の場合にも理論モデルによる値と現実値との誤差の分布として利用される場合が多いが，自然現象の中には事象そのものが正規分布するものも少なくない。

確率密度関数が

$$f(x) = \frac{1}{\sqrt{2\pi\sigma^2}} e^{-\frac{(x-\mu)^2}{2\sigma^2}} \tag{7.5}$$

$(-\infty < 0 < +\infty)$

である分布を正規分布といい，$X \sim N(\mu, \sigma^2)$ で表す。

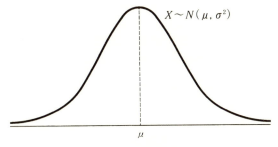

図7-4　正規分布

正規分布は次のような特徴をもっている。

① 左右対称の釣鐘上の形状で，曲線下の面積は1.0である。したがって，左右の半分は0.5となる。
② 平均 μ は分布の中心に位置する
③ 正規分布は無限である。つまり，理論的には左右両方向に無限に広がっている。つまり，軸に限りなく接近する（漸近線）が接しない。
④ 縦軸 Y は頻度を表す。平均値の周りの頻度はより高く，両裾野の頻度はより少なくなるので，釣鐘上の形状を示す。
⑤ どのような形（平均 μ，分散 σ^2）の正規分布にも従うデータは，次の式により標準化される。

$$z_i = \frac{x_i - \mu}{\sigma} \quad (i=1, 2, 3, \cdots, n) \tag{7.6}$$

z_i＝標準化変量
x_i＝確率変数
μ＝平均値
σ＝標準偏差

⑥ 標準化された後は，正規曲線下の面積（確率）は標準正規分布表から読みとれる。
⑦ 標準正規分布は平均 $\mu=0$，標準偏差 $\sigma=1$ である。すなわち，$z \sim N(0, 1)$。

標準正規分布 $z \sim N(0,1)$ に関する正規分布表は，左右対称という特徴から分布の右半分 $z \geq 0$ についてのみ作成されている（付表1，p.154）。

観測値 x は任意の値をとるので，原データを標準化（z 変換）する。

$$P(a \leq x \leq b) = P\left(\frac{a-\mu}{\sigma} \leq \frac{x-\mu}{\sigma} \leq \frac{b-\mu}{\sigma}\right)$$

$$= P(z_a \leq z \leq z_b) \qquad (a<b \text{ とする}) \quad (7.7)$$

標準正規分布表において 0 から z までの部分の面積を $I(z)$ とすると，

$$P(a \leq x \leq b) = I(z_b) - I(z_a) \quad \text{また，} \quad I(-z_a) = I(z_a)$$

標準正規分布においてよく用いられる z 値は，分布の中心部分に 50，2/3，90，95，99％の確率に対応する値である。これらの z 値とその引き方を図表に示しておく。

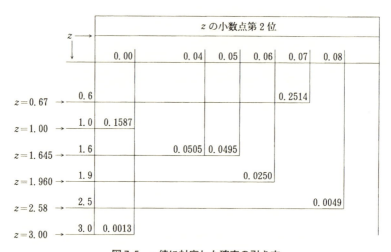

図7-5　z 値に対応した確率の引き方

〈例題 7.2〉

平均 $\mu=50$，標準偏差 $\sigma=10$ の正規分布 $N(50, 10^2)$ で，x の値が70より大である確率はいくらか？

標準化の式により，$z=(70-50)/10=2.0$ となるから，付表より，求める確率は

$$p = 0.0228$$

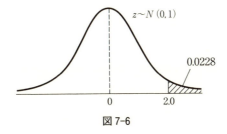

図 7-6

〈例題 7.3〉

平均 $\mu=50$,標準偏差 $\sigma=100$ の正規分布 $N(50, 10^2)$ で,x の値が40と60の間にある確率はいくらか?

標準化の式により,

$z=(60-50)/10=1.0$

となるから,付表より,求める確率は

$p=0.1587$

$P(40 \leq x \leq 60) = P((40-50)/10 \leq \dfrac{x-\mu}{\sigma} \leq (60-50)/10)$
$= P(-1.0 \leq z \leq 1.0) = 2P(0 \leq z \leq 1.0) = 2(0.5-0.1587) = 0.6826$

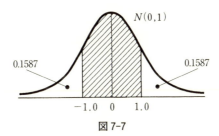

図 7-7

期待値と分散に関する定理

（1） c が定数の場合，$E(c)=c$

（2） 確率変数 X の期待値が $E(X)$ のとき，$E(aX+b)=aE(X)+b$

（3） 確率変数 X, Y が独立であるとき，
$$E(X+Y)=E(X)+E(Y), \quad E(XY)=E(X)\,E(Y)$$

（4） 確率変数 X の関数 $u(X)$ と $v(X)$ があるとき，
$$E[u(X)+v(X)]=E[u(X)]+E[v(X)]$$

（5） $E(a_1X_1+a_2X_2+\cdots\cdots+a_nX_n)=a_1E(X_1)+a_2E(X_2)+\cdots\cdots a_nE(X_n)$

（6） X_1, X_2, ……, X_n が独立のとき
$$E(X_1X_2\cdots\cdots X_n)=E(X_1)E(X_2)\cdots\cdots E(X_n)$$

（7） 確率変数 X_1, X_2, ……, X_n が期待値 μ の同じ分布に従うとき，平均の期待値は各確率変数の期待値の平均となる。
$$E[(X_1+X_2\cdots\cdots+X_n)/n]=(E(X_1)+E(X_2)+\cdots\cdots E(X_n))/n$$
$$=n\mu/n$$
$$=\mu$$

（8） 確率変数 X の分散を $V(X)$ とすると，$V(X)=E(X^2)-(E(X))^2$

（9） $V(aX+b)=a^2V(X)$ となり，b に無関係となる。

（10） 確率変数 X, Y が独立であるとき，
$$V(X+Y)=V(X)+V(Y)$$

（11） 確率変数 X_1, X_2, ……, X_n が独立のとき
$$V(a_1X_1+a_2X_2+\cdots\cdots+a_nX_n)=a_1^2V(X_1)+a_2^2V(X_2)+a_n^2V(X_n)$$

（12） 確率変数 X_1, X_2, ……, X_n が分散 σ^2 の同じ分布に従うとき，平均の分散は各確率変数の分散の和の $1/n^2$ となる。すなわち，
$$V[(X_1+X_2\cdots\cdots+X_n)/n]=(V(X_1)+V(X_2)+\cdots\cdots V(X_n))/n$$
$$=n\sigma^2/n^2$$
$$=\sigma^2/n$$

第8章　標本分布

　ある事象にかかわる対象全体について全数調査や大量観察，オンライン集計などにより収集したデータの分析により得られた全体的な傾向や特性は，偶然的因果を貫く統計的法則や規則性として把握される。判断の確からしさという意味での「確率」はこの場合にも存在するが，この意味での確率論がより積極的に関与するのは**標本 Sample** と母集団の関係においてである。つまり，統計学と確率論が強く結びつくのは統計的推論においてである。統計的推論は，**母集団**（ある特性についての数値の集まり全体を指す）を把握できない場合に，ランダムに抽出された標本について得られた結果から，母集団を対象とするより一般的な結論を推測していこうとする確率的な思考を意味している。

　以下では，母集団と標本の関係について確認した後，標本分布，標本平均の分布，中心極限定理，標本比率の分布，χ^2 分布，t 分布，F 分布について説明を行う。

8.1　母集団と標本

　統計データは調査対象そのものの数や量，あるいはその特性（**標識 Mark**）を示すものである。しかしながら，調査目的（ある製品の寿命を調べる場合などすべてを調べてしまうと販売する商品がなくなってしまう），時間的制約（迅速な結果の要請）や空間的制限，基本的には費用面での制約があるため対象全体—この概念上の特性に関する数値の集まり全体を**母集団 Population, Universe** と呼ぶ—についてデータを得ることは一般に難しい。そこで，この母集団から標本 *Sample*（部分集団）を採り，その標本の結果

に基き，母集団に関する特性（**母数 Parameter**）を推定したり，母集団に関する仮説を検定する。この標本の結果に基く推定や検定を統計的推論 *Statistical Inference* という。

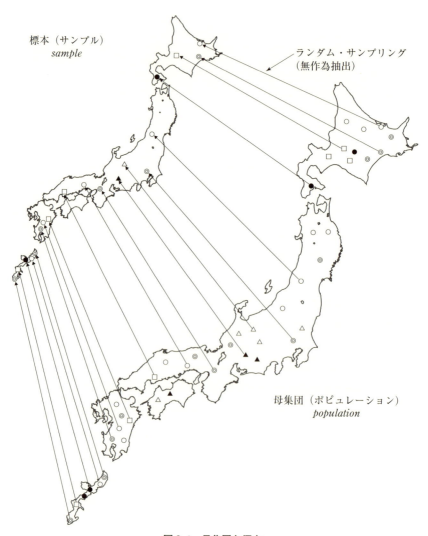

図 8-1　母集団と標本

さて，標本 sample には，2つの誤差 error が含まれる。1つは**偶然誤差 Accident error** であり，今一つは**系統誤差 Systematic error** である。ここに偶然誤差とは多くの要因が混ざり合って起こるために，その方向や大きさが一定しない誤差のことであり，また，系統誤差とは，特定の要因により一方向に偏りが生ずるような誤差のことである。

8.2 標本の抽出法

ここでは，全国の世帯から標本として一部の世帯を抽出する場合に即して説明を行う。

8.2.1 純無作為抽出法 Simple random sampling

各地区の世帯の一覧表をもとに各世帯に通し番号を付し，乱数表を用いてサンプル世帯を直接選ぶ方法。

8.2.2 系統抽出法 Systematic sampling

初めの1サンプルのみを乱数表などから選び出し，2本目以降は一定の抽出間隔でサンプルを抽出する方法であり，**等間隔抽出法**とも呼ばれる。抽出間隔は，一般に母集団の総個体数 N をサンプル数 n で割ることにより得られるが，抽出間隔が必ずしも切りのよい数値にならない場合には切りのよい数値に直した上で，その間隔で母集団からサンプルを採り続ければよい。目標のサンプル数を超えた場合には選んだサンプルから不必要な数を無作為抽出法により取り除けばよい。

8.2.3 多段抽出法 Multi-stage sampling

例えば，各地区を都道府県に分け，調査を行う都道府県を無作為に抽出する。抽出した都道府県にある調査区のリストを作成し，そこから単純無作為に調査区を抽出し，その上で，選ばれた調査区の世帯リストを作り，調査世帯を無作為に抽出する方法である。

8.2.4 層化抽出法 Stratified sampling

抽出の前に母集団を調査目的に照らしていくつかのグループ（**層 Strata**）に分け，各層の大きさに応じてサンプリングを行う方法である。**層別抽出法**とも言う。

8.3 標本分布

一般に，標本から計算される量は**統計量**と呼ばれ，統計量が母集団の特性値である母数パラメータの推定に用いられるときは**推定量 Estimator**，また，標本から計算される推定量の実際の値を**推定値 Estimate** と呼ぶ。

さて，一般に推定値が母数に等しいという保証はない。というのは，推定値は誤差をもち，また，推定量は確率変数で，推定値は標本ごとに変動するため推定値の誤差の大きさも標本ごとに変動するからである。したがって，ある推定量が良い推定量であるか否かは，同じ推定量を繰り返し用いた場合に得られる**推定値の理論的な分布**，すなわち，推定量の**標本分布**により判断することが妥当となる。

8.4 標本平均の分布

平均 μ，分散 σ^2 の母集団からランダムに抜き取られた大きさの n のサンプル $\{x_1, x_2, x_3 \cdots\cdots x_{n-1}, x_n\}$ から母平均 μ を推定するには，n 個の標本平均 $\bar{x}$ が平均 μ，分散 σ^2/n の正規分布 $N(\mu, \sigma^2/n)$ に従うことを利用すればよい。この分布の標準偏差 $\sqrt{\sigma/n}$ は**標準誤差 Standard error of the mean**（略して $SE\bar{x}$）と呼ばれる。

これを定式化すると，

$$\mu_{\bar{x}} = E(\bar{X}) = \mu$$
$$\sigma_{\bar{x}}^2 = \sigma^2(\bar{X}) = \sigma^2/n \tag{8.1}$$

となる。ただ，厳密には

$$\mu_{\bar{x}} = E(\bar{X}) = \mu$$

$$\sigma_{\bar{x}}^2 = \sigma^2(\bar{X}) = \frac{N-n}{N-1} \frac{\sigma^2}{n} \tag{8.2}$$

であり,母集団が標本に比較して充分大きいとき,**有限母集団修正係数** $(N-n)/(N-1)=1$ となり,前述の定式化が可能になる(図 8-2 参照)。

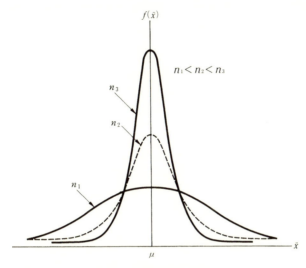

図 8-2 標本平均の分布

8.5 中心極限定理

標本数(サンプルサイズ)n が大きいほど標本平均値の分布は正規分布に近づいていく。しかし,この「漸近」は標本の採られる母集団が正規分布に従うことを必ずしも必要としないのである。このことを明確に表現しているのが,**中心極限定理** *Central limit theorem* である。

> **中心極限定理**
>
> 任意の分布に従う平均 μ，分散 σ^2 の母集団からサンプルサイズ n の無作為標本を繰り返し採るとき，ランダムに抜き取られた大きさの n のサンプル $\{x_1, x_2, x_3 \cdots\cdots x_{n-1}, x_n\}$ より，母平均 μ を推定する場合，n が大きくなるにつれ，n 個の標本平均 $\bar{x}$ の標本分布は，平均 μ，分散 σ^2/n の正規分布 $N(\mu, \sigma^2/n)$ に近づいていく。
>
> すなわち，
>
> $$\bar{X} \sim N(\mu, \sigma^2/n)$$
>
> となる。
>
> したがって，このとき，原データを標準化した z 統計量 $Z = \dfrac{\bar{X} - \mu}{\sigma/\sqrt{n}}$ は，平均 0，分散 1 の標準正規分布に従い，
>
> $$Z \sim N(0, 1)$$
>
> となる。

8.6 標本比率の分布

母集団においてある属性をもった単位（個体）の比率（**母比率 p**）を標本における同じ属性のサンプルの比率（**標本比率 $\hat{p}$**）から推定することがある。このようなとき，標本比率 $\hat{p}$ はどのような分布に従うのであろうか。

> **中心極限定理の標本比率への応用**
>
> 二項分布に従う平均 np，分散 npq の母集団からサンプルサイズ n の無作為標本を繰り返し採るとき，n が大きくなるにつれ，標本比率 $\hat{p}$ の標本分布は平均 p，分散 pq/n の正規分布 $N(\mu, \sigma^2/n)$ に近づいていく。
>
> すなわち，
>
> $$\hat{p} \sim N(p, pq/n)$$
>
> となる。
>
> したがって，このとき，原データを標準化した z 統計量 $Z_p = \dfrac{\hat{p} - p}{\sqrt{pq/n}}$ は，平均 0，分散 1 の標準正規分布に従い，
>
> $$Z_p \sim N(0, 1)$$
>
> となる。

8.7 χ^2 分布

n 個の独立した確率変数 x が平均 0, 分散 1 の標準正規分布に従うとする。このとき, 確率変数の偏差平方和を母分散 σ^2 で割って定義される統計量は 1 つの確率変数であり, χ^2 (**カイジジョウ**と読む) といわれる。すなわち,

$$\chi^2 = \chi_1^2 + \chi_2^2 + \cdots\cdots + \chi_n^2$$

ただし, $\chi_i^2 = S_i^2/\sigma^2 = \sum(x_i - \bar{x})^2/\sigma^2$ である。

また, 確率変数 χ^2 の密度関数は,

$$f(x) = \frac{1}{2^{m/2}\,\Gamma(m/2)}\, x^{m/2-1}\, e^{-x^2/2} \tag{8.3}$$

である。

この χ^2 分布は, 1875 年に F.R. ヘルマーレにより発見され, 1900 年に K. ピアソンが再発見したものである。この分布のパラメータは $m = n - 1$ だけであり, m は**自由度 Degree of freedom** と呼ばれる。χ^2 分布は観察された分布と理論分布との一致性の検定(適合度の検定)などに用いられる。

図 8-3 にあるように, 自由度 m が 1 のときは χ^2 値が 0 に近づくにつれ, $f(\chi^2)$ は無限大となり, 他方で m が大きくなるにつれ, 正規分布に近づいていく(図 8-3 参照)。

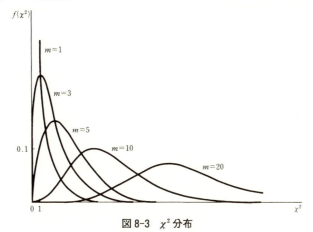

図 8-3 χ^2 分布

8.8 t 分布

t 分布は，1907年から翌1908年にかけて W.S. ゴセットが発見した分布である。ゴセットはアイルランドのダブリンにある有名なビール会社ギネスの技師であったが，その研究成果の公表が会社により禁止されていたので自ら "Student" というペンネームでその成果を公表したので，**"スチューデントの t 分布"** という通称となっている。t 分布の厳密な定式化を行ったのは，R.A. フィッシャーである。

いま，母集団が正規分布 $N(\mu, \sigma^2)$ に従っていると仮定する。また，z 統計量において母標準偏差 σ の値が未知であるとする。このとき σ の代わりに，標本標準偏差

$$s = \sqrt{\frac{\sum(x_i - \bar{x})^2}{n-1}}$$

を用いた統計量を t 統計量と呼び，次のように定義する。

$$t = \frac{\bar{x} - \mu}{s/\sqrt{n}} \tag{8.4}$$

t 統計量は自由度 $m(=n-1)$ の t 分布に従う（図 8-4 参照）。

t 分布は，その形状が正規分布と同様左右対称の釣鐘状であるが，正規分布よりややピーク（峰）の高さが低く，その代わりに裾野が広くなっている。自由度 m が30以上のときには，t 分布は標準正規分布に $N(0, 1)$ に十分近似できる（t 分布表は p.156参照）。

自由度 m の t 分布の確率密度関数は，

$$f(t) = \frac{1}{\sqrt{m} B\left(\frac{1}{2}, \frac{m}{2}\right)} \left(1 + \frac{t^2}{m}\right)^{-(m+1)/2} \tag{8.5}$$

である。

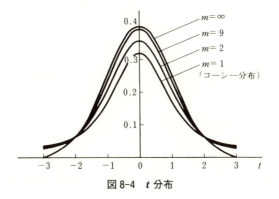

図 8-4 t 分布

8.9 F 分布

分散 σ^2 が等しい 2 つの正規分布に従う母集団から無作為に抽出した大きさ n_1, n_2 の 2 組の標本から得られた分散をそれぞれ s_1^2, s_2^2 とする。このとき, s_1^2, s_2^2 の比を **F 統計量** と呼び, 次のように定義される。

$$F = \frac{s_1^2}{s_2^2}$$

F 統計量は R.A. フィッシャーが発見したが, 一般には次のような定式化が行われる。

2 つの独立した確率変数 s_1^2, s_2^2 があるとし, s_1^2 は自由度 $m_1 = n_1 - 1$ の χ^2 分布に従い, s_2^2 は自由度 $m_2 = n_2 - 1$ の χ^2 分布に従うとする。このとき, F 統計量

$$F^{m_1}_{m_2} = \frac{s_1^2/(n_1-1)}{s_2^2/(n_2-1)} \tag{8.6}$$

は, 自由度 $n_1 - 1$, $n_2 - 1$ の F 分布をする (図 8-5 参照)。この自由度の組み合わせ (m_1, m_2) にしたがって F 分布表を利用することになる。

自由度 m_1, m_2 の F 分布の確率密度関数は,

$$f(F) = \frac{\left(\frac{m_1}{m_2}\right)^{\frac{m_1}{2}} F^{\frac{m_1}{2}-1}}{B\left(\frac{m_1}{2}, \frac{m_2}{2}\right)\left(1 + \frac{m_1}{m_2}F\right)^{m_1+m_2/2}} \qquad (0 < F < \infty) \tag{8.7}$$

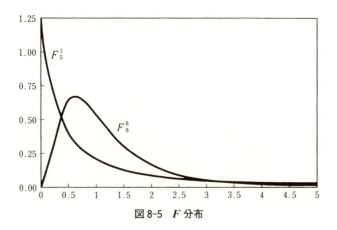

図 8-5　F 分布

である。

ここに　$F = F_{m2}^{m1}$ である（F 分布表は pp.158-162 参照）。

第9章 推定—統計的推論（1）

標本から母集団の特性値である**母数（パラメータ）** θ を推論することを**推定** Estimation といい，θ を特定の値で推定することを**点推定** Point estimation，また θ をある信頼係数のもとで，一定の区間に含まれるという形式で推定することを**区間推定** Interval estimation という。

母数（パラメータ）θ には，母平均，母比率，母分散 σ^2 などがある。また，母数についての仮説を検定することを仮説検定という。（図9-1 参照）。

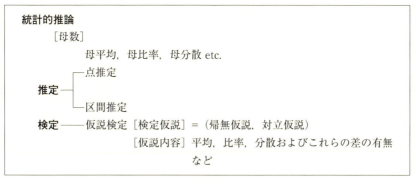

図 9-1

9.1 区間推定

区間推定は，以下の形式で表現される。
すなわち，

$$P_r\{a<\theta<b\}=1-\alpha \tag{9.1}$$

である。ただし，$0<\alpha<1$。

この式は，信頼係数 $(1-\alpha)$ の信頼区間 $[a, b]$ を示している。同じサイズの標本を母集団から繰り返し採るとき，その100 $(1-\alpha)$ %に対して，θ の真の値がそれらの標本に対応する信頼区間内に存在することを意味している。区間 $[a, b]$ は**信頼区間 Confidence interval**，区間の両端の値は**信頼限界 Confidence limits**，また a は**信頼下限**，b は**信頼上限**と呼ばれる（図9-2参照）。

また，信頼区間と信頼係数の関係は，一般に信頼区間は，信頼係数を高くすると広がり，低くすると狭くなる。真の値 θ は区間 $[a, b]$ を広くするほどその区間内に含まれる確率が高くなるというわけである。

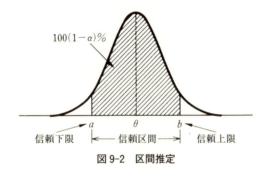

図9-2　区間推定

ところで，すでに3シグマでみた，**範囲・割合と信頼区間との相違**はどこにあるのであろうか？

いま，$\alpha=0.05$ とすると信頼係数は $100\times(1-\alpha)$ だから $100\times(0.95)=95\%$ となる。信頼係数は1回の標本抽出により信頼係数95％の1つの信頼区間が得られたとき，母集団平均 μ がその区間内に存在する確率が95％であると考えるのである。

これに対し，範囲と割合の説明に出てきた「3σ の法則」は，平均値 μ の左右に標準偏差 σ の一定倍を加減した値の範囲に含まれる全データに対する割合を示している。

例えば，全国の大学新卒の初任給を例に考えてみよう。初任給が平均 $\mu=$20万円，分散 $\sigma^2=4$ の正規分布に従うとする。このとき，平均の左右に47.5％ずつ，左右合計で95％の面積を作るには σ の1.96倍（$=z$）の値を左

右にとればよい。このとき，範囲は 20−1.96×2=16.08 と 20+1.96×2=23.92 となる。これは，全国の大学新卒の初任給の95%が16万800円と23万9200円の間に含まれることを意味している（図9-3参照）。これは，範囲であって，確率を意味していないことは明らかである。

さて，区間推定を行う場合に，正規分布，t 分布等々，その用いる分布の選択に大きな影響を与えるのは母集団の標準偏差 σ すなわち母分散 σ^2 が既知であるか，未知であるかという点である。正確に言えば，もし，母分散 σ^2 が既知もしくはサンプルサイズが大きければ正規分布を用いて構わない（**大標本**のケースという）が，未知であれば t 分布を用いる（**小標本**もしくは**少数例**のケース）。

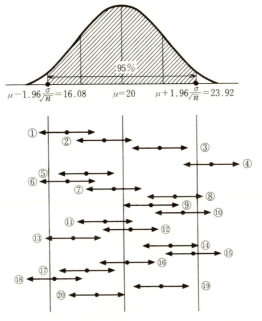

注：①〜⑳の標本番号を示す。いま，$\alpha=0.05$ の場合，信頼係数は95%となるがこれは $\frac{1}{20}$，すなわち20本の標本のうち1本の割合を示す。
④のみが区間 [16.08, 23.92] の外にある。

図 9-3　信頼区間の意味

9.2 平均値の区間推定

9.2.1 大標本（母分散 σ^2 既知）の場合

全国の大学新卒者から無作為に標本（$n=400$）をとり，標本平均 $\bar{x}$ が $\bar{x}=20$ 万円であったとすると，標本平均 x は正規分布 $N(20, 4)$ に従うから，これを標準化した z は標準正規分布 $N(0, 1)$ に従う。

すなわち，

$$z = \frac{\bar{x} - \mu}{\sigma/\sqrt{n}} \sim N(0, 1)$$

ここから，

$$P_r\{-z_{a/2} < \frac{\bar{x}-\mu}{\sigma/\sqrt{n}} < z_{a/2}\} = 1-\alpha$$

また，｛　｝内を変形すると，

$$P_r\{\bar{x} - z_{a/2}\,\sigma/\sqrt{n} < \mu < \bar{x} + z_{a/2}\,\sigma/\sqrt{n}\} = 1-\alpha$$

巻末（p.154）の標準正規分布表から $\alpha/2=0.025$ となるような z 値を読み取ると $z_{a/2}=1.96$ となる。

したがって，$\alpha=0.05$，$\mu=20$，$\sigma=2$，$z_{a/2}=1.96$ を代入すると，

$$P_r\{20 - 1.96 \times 2/\sqrt{400} < \mu < 20 + 1.96 \times 2/\sqrt{400}\} = 1 - 0.05$$

$$P_r\{19.804 < \mu < 20.196\} = 0.95$$

となる。

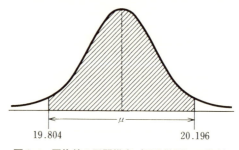

図 9-4　平均値の区間推定（母分散既知の場合）

故に，全国の大学新卒者の初任給の母平均 μ の95％の信頼区間は，下限が19万8040円，上限が20万1960円である（図9-4 参照）。

9.2.2 小標本（母分散 σ^2 未知）の場合

母分散 σ^2 未知の場合には，母分散 σ^2 の代わりに標本分散 s^2 を用いる。このとき，t 統計量は

$$t = (\bar{x} - \mu) / s / \sqrt{n}$$

となる。

無作為に標本 n を採り，標本平均 $\bar{x}$ を計算すると，標本平均 $\bar{x}$ は，自由度 $m(=n-1)$ の t 分布に従う。信頼係数 $(1-\alpha)$，自由度 m の場合の t 値を $t_{(m,\alpha/2)}$ と表す。これを用いて，区間推定の式を描くと，

$$P_r\{-t_{(m,\alpha/2)} < \frac{\bar{x}-\mu}{s/\sqrt{n}} < t_{(m,\alpha/2)}\} = 1 - \alpha$$

ここから，

$$P_r\{\bar{x} - t_{(m,\alpha/2)} \, s/\sqrt{n} < \mu < \bar{x} + t_{(m,\alpha/2)} \, s/\sqrt{n}\} = 1 - \alpha \tag{9.3}$$

が得られる。

いま，全国の大学新卒者から無作為に標本 $n=41$ をとり，標本平均 $\bar{x}$ が $\bar{x} = 20$ 万円，$s=12$ であるとし，t 分布表より自由度 $m=40$，信頼係数 $1-\alpha=0.95$ となるような t 値を読みとると $t_{(40, 0.025)} = 2.021$ となる。これらを式に代入して整理すると，

$$P_r\{20 - 2.021 \times 12/\sqrt{41} < \mu < 20 + 2.021 \times 12/\sqrt{41}\} = 1 - 0.05$$

$$P_r\{16.212 < \mu < 23.788\} = 0.95$$

となる。

したがって，小標本の場合，全国の大学新卒者の初任給の母平均 μ の95％の信頼区間は，下限が16万2120円，上限が23万7880円である（図9-5 参照）。

母集団が既知の場合と今回の未知の場合の信頼区間を改めて整理すると，

　　既知　[19.804, 20.196]

　　未知　[16.212, 23.788]

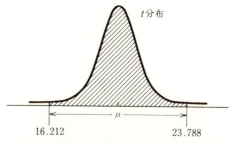

図 9-5 平均値の区間推定（母分散未知の場合）

となり，未知の場合の方が区間がより大きくなっていることがわかる。標本が少ないほど真値を含む区間の幅を広くとらなければならないことがわかる。

9.3 比率の区間推定

すでに前章で見たように，標本比率 $\hat{p}$ の標本分布は平均 p，分散 pq/n の正規分布 $N(\mu, \sigma_2/n)$ に近づいていく。すなわち $\hat{p} \sim N(p, pq/n)$ である。このとき，

$$Z_p = \frac{\hat{p}-p}{\sqrt{npq}} \sim N(0, 1)$$

となる。
したがって，

$$P_r\{-z_{a/2} < \frac{\hat{p}-p}{\sqrt{npq}} < z_{a/2}\} = 1-\alpha$$

となり，
また，{ } 内を変形すると，

$$P_r\{\hat{p}-z_{a/2}\ \sigma/\sqrt{n} < p < \hat{p}+z_{a/2}\ \sigma/\sqrt{n}\} = 1-\alpha \tag{9.4}$$

また，p の推定値を $\hat{p}$ とすると，標本分布の平均と標準偏差はそれぞれ $n\hat{p}$，$\sqrt{n\hat{p}(1-\hat{p})}$ で推定される。

このとき，(9.4) 式は

$$P_r\{\hat{p}-z_{a/2}\ \sqrt{\hat{p}(1-\hat{p})/n} < p < \hat{p}+z_{a/2}\ \sqrt{\hat{p}(1-\hat{p})/n}\} = 1-\alpha \tag{9.5}$$

となる。

なお，$\sqrt{\hat{p}(1-\hat{p})/n}$ は**比率の標準誤差**といわれる。

〈例題〉

世帯別の視聴率調査で関東地方の600世帯を調査したところ，ある番組の視聴率は10%となった。このとき，信頼係数95%の信頼区間を求めてみよう。

$\alpha=0.05$, $\mu=20$, $\hat{p}=0.1$, $\hat{q}=0.9$, $n=600$, $z_{\alpha/2}=1.96$ を（9.5）式に代入すると，

$P_r\{0.076 < p < 0.124\}$

となる。番組の視聴率は7.6〜12.4%となる。

9.4 区間推定と標本数

区間推定を行う場合に必要なサンプル数はどのように決められるのであろうか？

いま，標本比率 $\hat{p}$ と真の比率 p の差の絶対値 $|\hat{p}-p|$ を**推定誤差 E** と呼ぶとすれば，推定の誤差 E をある範囲内に抑えるためにサンプルがどのくらい必要になるのかを求めたくなる場合がある。あるいは，区間限界の上限と下限の差である，区間幅 L を一定の値に抑えるために必要なサンプル数を求めたくなる場合がある。

推定の誤差 E をある範囲内に抑えるためには，次式によりサンプル数を求めればよい。

$$n = (z_{\alpha/2}/E)^2 p(1-p) \tag{9.6}$$

ここで，$z_{\alpha/2}$ は与えられた信頼係数に対応する z 値であり，真の比率 p については，もし情報があれば，その値を用い，もし情報がなければ $p=1/2$ を用いる。

ある番組の視聴率において，推定誤差 E を0.01以内に抑えたい。p については0.1という情報があるという。このとき，信頼係数を0.95とすると，必

要なサンプル数は何本になるか？　計算してみよう．
$z_{a/2}=1.96$，$E=0.01$，$p=0.1$

であるから，これらを（9.6）式に代入して，

$$n=(1.96/0.01)^2 \, 0.1(1-0.1)$$
$$=3457.44$$

となり，標本数を3458本にするとサンプル世帯の視聴率が，母集団の視聴率から1％以上離れないことになる．

9.5　点推定

母集団の未知の母数 θ を母集団からのランダム標本 x_1, x_2, x_3 …… x_{n-1}, x_n の関数 $g(x_1, x_2, x_3 …… x_{n-1}, x_n)$ で推測することを**点推定 Point estimation** という．また，推定のために用いられる関数 $g(x_1, x_2, x_3 …… x_{n-1}, x_n)$ は，推定量と呼ばれ，通常 $\hat{\theta}$ と表現される．

一般に標本により計算された母数の推定量 $\hat{\theta}$ は，真の母数 θ とは必ずしも一致しない．ということは，推定量 $\hat{\theta}$ は無数に考えられ，そこから1つの推定量を点推定値として選び出さなければならないということになる．無数の中から1つの値を選び出すためにはいくつかの基準があり，それらは不偏性，有効性，一致性などである．

9.5.1　不偏性

未知母数 θ の推定量 $\hat{\theta}$ が

$$E(\hat{\theta})=\theta$$

を満たしているとき，$\hat{\theta}$ は**不偏性**をもつといい，この $\hat{\theta}$ を**不偏推定量 Unbiased estimator** という．

例えば，母平均 μ の推定量 $\hat{\theta}$ である標本平均値 $\bar{x}$ は，

$$E(\bar{x})=\mu$$

となるので，不偏推定量である．

9.5.2 有効性

不偏性は未知母数 θ の推定量 $\hat{\theta}$ が平均的に未知母数 θ に等しくなること $(E(\hat{\theta})=\theta)$ を意味していたが，平均的に一致することに加え，推定量 $\hat{\theta}$ が未知母数 θ の周りに集中していれば，推定量としての好ましさが増すことになる。この集中の程度を測るのが分散であり，2つの不偏推定量 $\hat{\theta}_1, \hat{\theta}_2$ の分散の間に

$$V(\hat{\theta}_1) < V(\hat{\theta}_2)$$

が成り立つとき，θ_1 の方が θ_2 よりも**有効な推定量**であると判断する。

9.5.3 一致性

サンプル数を無限に大きくしたとき，推定量 $\hat{\theta}$ が未知母数 θ に一致することが望ましい。この測度としては，平均二乗誤差すなわち，$E[(\hat{\theta}-\theta)^2]$ が用いられ，$n\to\infty$ に従い，$E[(\hat{\theta}-\theta)^2]\to 0$ であるとき，かつそのときのみ $\hat{\theta}$ は**一致推定量**であるという。

第10章　検定—統計的推論（2）

1つの母集団の母数について立てられた仮説や2つの母集団の特性値間の関係について立てられた仮説について、標本の結果によりこれらの仮説を検証し、その仮説を棄却もしくは採択することを**仮説検定**あるいは**統計的検定** *Statistical test* という。以下では、仮説検定の基本用語を確認し、その後、統計的検定の手順の説明に進むことにする。

10.1 仮説検定

統計的検定は仮説の設定から始まる。統計的仮説は母集団の特性に関する特定の「言明」や「主張」あるいは「要求」である。また、この仮説は統計的検定が可能な形式で設定される必要がある。

ところで、統計的仮説は2つしかなく、1つは**帰無仮説** *Null hypothesis* と呼ばれ H_0 と表され、いま1つは**対立仮説** *Alternative hypothesis*, H_1 である。実は、対立仮説 H_1 の内容こそ検定を行うものが事実として把握したい（確認したい）ものである。その意味で帰無仮説 H_0 は標本の結果により「棄てられる」か「無効にされること」すなわち、「無に帰すこと」が期待されているため、帰無仮説と名付けられているのである。

すなわち、通常、「研究仮説」（統計的検定の利用者が直接証明したい仮説）は、帰無仮説 H_0 が棄却されるとき支持され、棄却されないときには支持されなくなる。それゆえ、帰無仮説 H_0 は「研究仮説」を表した対立仮説 H_1 に対して検定されることになる。

ところで、統計的検定の1つの重要な特徴—限界—は、われわれが決して帰無仮説 H_0 を絶対的に正しいものであると証明できないという点にある。つまり、たとえ帰無仮説 H_0 を支持する標本結果が得られたとしても、われ

われは依然として帰無仮説 H_0 を正しいものと確信できないのである．何故か？　それは，標本誤差があるからである．また，同様に，帰無仮説 H_0 が絶対的に誤りであるという確信も得にくいのであるが，それは帰無仮説 H_0 がある確率（統計的検定では**有意水準 Significant level** といい，α で表す）で棄却される場合に，その同じ確率で誤りを犯しうるからである．これらの誤りについては，節を改めて解説していくことにする．しかしながら，こうした枠組みの中で標本に基く統計的判断は有用性をもつことになる．

10.2　2種類の過誤

仮説検定においては，そもそも帰無仮説 H_0 が真の状態と一致している場合と一致していない場合の2通りありえ，また，検定の結果，帰無仮説 H_0 を棄却するか，採択するかの2つの可能性がある．これらの4通りの組み合わせを表形式にしたものが表 10-1 である．

もし，帰無仮説 H_0 が正しいのに，検定の結果それを棄却した場合には**第Ⅰ種の過誤 A type Ⅰ error** という．第Ⅰ種の過誤をおかす確率は α で表され，これは有意水準 α と等しい．したがって，帰無仮説 H_0 が正しいとき帰無仮説 H_0 を採択（受容）するという正しい結果が起こる確率は $1-\alpha$ となる．有意水準 α が 0.05 のもとで検定の枠組みを設定したとすると，この有意水準 $\alpha=0.05$ は 100 回のうち 5 回は誤って帰無仮説 H_0 を棄却する確率とも考えられるのである．第Ⅰ種の過誤は，生産者危険と呼ばれることもある．

表 10-1　2種類の過誤

		母集団の真の状態	
		帰無仮説 H_0 が正しい（H_1 が偽）	帰無仮説 H_0 が偽（H_1 が正しい）
検定の結果	帰無仮説 H_0 採択	正 $1-\alpha$	第Ⅱ種の過誤 β（消費者危険）
	帰無仮説 H_0 棄却	第Ⅰ種の過誤 α（生産者危険）	正 $1-\beta$（検出力）

また，帰無仮説 H_0 が誤っているのに，検定の結果それを採択してしまう誤りを**第Ⅱ種の過誤 A type Ⅱ error** といい，β で表す。第Ⅱ種の過誤は，消費者危険と呼ばれることもある。

検定を行うには有意水準 α を決めなければならないが，有意水準 α を 0.10，0.20，0.30…というように設定していくと，この順に第Ⅰ種の過誤をおかす確率が大きくなっていく。

また，逆に α を 0.10，0.05，0.01，0.001…というように徐々に小さな値に設定していくと，第Ⅰ種の過誤をおかす確率は小さくなっていくが，他方で，第Ⅱ種の過誤をおかす確率 β は大きくなっていく。

それゆえ，多くの場合，"sacred cow"（本来ヒンズー教で聖牛の意味で使われているが，ここではいわば慣行あるいは神聖視されていて批判や攻撃が許されない考えや人を指す）として $\alpha = 0.05$ の有意水準がとられている。

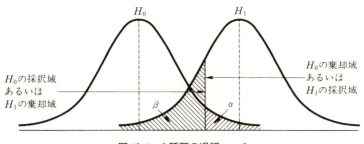

図 10-1　2種類の過誤 α，β

10.3 棄却域と仮説

統計的検定において，帰無仮説 H_0 が棄却される領域を**棄却域 Region of rejection** という。棄却域は帰無仮説 H_0 のもとで α に等しい確率をもつように分布の左右いずれかの裾野（端）か両裾野（両端）に設定される。図 10-2 には，$\alpha = 0.05$ の場合の，棄却域を示しているが，(a)は，両裾野（両端）に棄却域が設定されているので，**両側検定**と呼ばれ，(b)は右裾野に棄却域が設定されているので**右片側検定**，また(c)は左裾野に棄却域が設定さ

れているので**左片側検定**と呼ばれる。

棄却域の設定は仮説の内容に依存する。例えば，いま2つの異なる母集団の平均値が同じであるかどうかを検定することにする。2つの母集団の平均値を μ_1, μ_2 とすると

(a)〜(c)いずれの場合も帰無仮説 H_0 は　　$H_0 : \mu_1 = \mu_2$
　　また，両側検定の場合，対立仮説 H_1 は　　$H_1 : \mu_1 \neq \mu_2$
　　　　右片側検定の場合，対立仮説 H_1 は　　$H_1 : \mu_1 > \mu_2$
　　　　左片側検定の場合，対立仮説 H_1 は　　$H_1 : \mu_1 < \mu_2$

となる。

$\alpha = 0.05$ の場合の棄却域を決める値は，この場合，正規分布を前提にしているので，(a)両側検定では，両端に棄却域が設定されているので $\alpha/2$ と

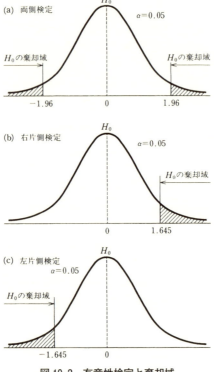

図 10-2　有意性検定と棄却域

なる $z=1.96$ が，また（b）右片側検定では $z=1.645$ が，さらに（c）左片側検定では $z=-1.645$ が**境界値（有意点）**となる。

棄却域が設定されると，帰無仮説 H_0 を棄却するのか採択するのかは検定統計量の値次第である。仮に検定統計量が有意水準 α に対応した棄却域の中に入ったならば帰無仮説 H_0 は棄却され，「**有意である Significant**」という。統計的に有意であるとは，帰無仮説 H_0 と標本結果のズレが，ズレがない場合に起こる相違としてではなく，母集団と帰無仮説 H_0 とのズレ（差異）がなければ起きないような相違として生じたことを意味するのである。しかしながら，有意であることはこれらの相違の大きさについては直接何も教えてはくれないのである。

10.4 仮説検定の手順

仮説検定の手順についてまとめたものが以下の表 10-2 である。

表 10-2 仮説検定の手順

仮説検定の手順
（Ⅰ） 研究仮説（理論的仮説）の明確化
（Ⅱ） 帰無仮説 H_0 の設定
（Ⅲ） あらゆる必要な仮定を満たした適切な統計的検定スタイルの選択
（Ⅳ） 有意水準 α とサンプルサイズ N の決定 　　A．第Ⅰ種の過誤 α と第Ⅱ種の過誤 β を考える 　　B．α と N が与えられていれば β は定まる。α と β は所与の N のもとでは，一方が増加すれば他方が減少するという逆の関係にある。2つのタイプの過誤の確率を下げるには N を増加させることが必要である。 　　C．この考えは**検出力（Power）**——H_0 が誤っているとき H_0 を棄却する確率，すなわち $1-\beta$——に関係する。
（Ⅴ） 帰無仮説 H_0 のもとでの検定統計量（z, t, F, χ^2 など）の標本分布を見つける。これは統計量に関係したある値についての確率的判断を示すためである。
（Ⅵ） 上記Ⅳ，Ⅴに基づき，棄却域を定義する。
（Ⅶ） 標本から得られたデータにより統計量を計算する。
（Ⅷ） 帰無仮説 H_0 に関する判断を行い，結果の解釈—有意か否かの判断—を行う。

10.5 平均値の検定

ここでは，t分布を用いた検定の説明を行う。

いま，ある電機メーカーM社は電気シェーバーTを生産している。メーカー側の主張では，電気シェーバーTは毎分9000回転するという。そこで，10台の電気シェーバーTをランダムに選び，その回転数について測定テストを行ってみたところ，平均8900回転，標準偏差100という結果が得られた。このとき，メーカーの主張—「毎分9000回転する」—は正しいといえるであろうか，t検定を行ってみよう。

$H_0 : \mu_0 = 9000$

$H_1 : \mu_1 < 9000$

で，有意水準 $\alpha = 0.05$ の左片側検定となる（図10-3 参照）。

題意より，$\bar{x} = 8900$，$s = 100$，$n = 10$ であるから，帰無仮説 H_0 のもとでの t 値は

$t_0 = (8900 - 9000)/100/\sqrt{10} = -3.162$

自由度 $m = 10 - 1 = 9$ の t 分布の左片側5%の境界値は t 分布表より -1.833 だから，

$t_0 = -3.162 < -1.833$

となり，有意である。したがって，帰無仮説 H_0 は棄却される。与えられたサンプルから判断する限り，メーカーM社の主張は認められないことになる。

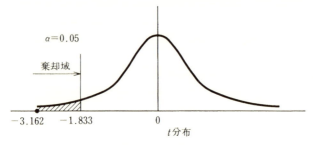

図10-3　t 検定

10.6 平均値の差の検定

2つのメーカーがビタミンCが一定量含まれていることを宣伝材料にしている飲料水を生産している。このようなとき，含有するビタミンCの量に差がないかどうかを調べたくなることがある。こうした検定は平均値の差の検定となる。

平均値の差の検定は母分散 σ^2 が既知の場合と未知の場合に大別できる。

10.6.1 母分散が既知の場合

母平均が μ_1, μ_2, 母分散が σ_1^2, σ_2^2 の2つの母集団からそれぞれ n_1, n_2 のランダムサンプルを抽出したところ，標本平均が $\bar{x}_1$, $\bar{x}_2$ となったとする。

いま，サンプル数 n_1, n_2 を大きくすると，2つの母集団は次のような正規分布に従うことがわかる。

$\bar{x}_1 \sim N(\mu_1, \sigma_1^2/n_1)$

$\bar{x}_2 \sim N(\mu_2, \sigma_2^2/n_2)$

このとき，標本平均の差 $\bar{x}_1 - \bar{x}_2$ も近似的に平均 $\mu_1 - \mu_2$, 母分散 $\sigma_1^2/n_1 + \sigma_2^2/n_2$ の正規分布に従う。したがって，

$$z_0 = \frac{(\bar{x}_1 - \bar{x}_2) - (\mu_1 - \mu_2)}{\sqrt{\sigma_1^2/n_1 + \sigma_2^2/n_2}} \sim N(0, 1) \tag{10.1}$$

となる。

故に，母分散が既知の場合，この z 統計量を用いて検定を行うことになる。

10.6.2 母分散が未知の場合（母分散は等しいと仮定する）

この場合には，未知の分散を標本分散から推定すれば良い。

ランダムサンプルの標本平均が $\bar{x}_1$, $\bar{x}_2$, 標本分散を s_1, s_2 とすると，共通の分散の不偏推定量 s_p^2 は，

$$s_p^2 = \frac{(n_1-1)s_1^2 + (n_2-1)s_2^2}{n_1+n_2-2}$$

となる。

標本平均の差の分散は，

$$\sigma^2_{\bar{x}_1-\bar{x}_2} = \hat{\sigma}^2(1/n_1 + 1/n_2)$$

で，$\hat{\sigma}^2 = s_p^2$ とすると，

$$\sigma^2_{\bar{x}_1-\bar{x}_2} = \frac{(n_1-1)s_1^2 + (n_2-1)s_2^2}{n_1+n_2-2}\left(\frac{1}{n_1} + \frac{1}{n_2}\right)$$

となる。

このとき，$\bar{x}_1 - \bar{x}_2$ を標準化した

$$t_0 = \frac{(\bar{x}_1-\bar{x}_2)-(\mu_1-\mu_2)}{\sqrt{\dfrac{(n_1-1)s_1^2+(n_2-1)s_2^2}{n_1+n_2-2}\left(\dfrac{1}{n_1}+\dfrac{1}{n_2}\right)}} \tag{10.2}$$

は，自由度 n_1+n_2-2 の t 分布に従う。

10.6.3 母分散が未知の場合（母分散は等しくないと仮定する）

この場合には，t 統計量

$$t = \frac{\bar{x}_1 - \bar{x}_2}{\sqrt{\dfrac{s_1}{n_1} + \dfrac{s_2}{n_2}}} \tag{10.3}$$

が，自由度 $m = \dfrac{1}{\dfrac{c^2}{n_1-1} + \dfrac{1-c^2}{n_2-1}}$ の t 分布に従うことを利用すればよい。

ただし，

$$c = \frac{s_1^2/n_1}{s_1^2/n_1 + s_2^2/n_2}$$

である。また，m が整数にならない場合には m を超えない最大の整数を自由度として用いる。

10.6.4 対応する2組のデータの平均値の差の検定

対応する2組のデータの平均値の差の検定を行う場合には，考え方として対応のあるサンプルについて平均値の差 d をとり，これを差の母集団から取り出された統計量と見做して検定を行う。

d の分散 s_d^2 は，

$$s_d^2 = \frac{\sum(d-\bar{d})^2}{n-1}$$

となり，

$$s_d = \sqrt{\frac{\sum(d-\bar{d})^2}{n-1}}$$

故に，

$$t = \frac{d}{s_d/\sqrt{n}} \tag{10.4}$$

が，自由度 $m = n-1$ の t 分布に従うことを利用して検定を行えばよい。

10.7 比率に関する検定

不良品の発生率や視聴率，電車の乗車率など比率で表されたデータに関して検定を行いたい場合がある。このような場合には比率の検定を行えばよい。

10.7.1 母比率に関する検定

母比率を p，標本比率を $\hat{p}$ とすると，サンプルサイズ n の無作為標本を繰り返し採るとき，n が大きくなるにつれ，標本比率 $\hat{p}$ の標本分布は平均 p，分散 pq/n の正規分布 $N(\mu, pq/n)$ に近づいていく。
すなわち，

$$\hat{p} \sim N(p, pq/n)$$

である。
このとき，原データを標準化した z 統計量 $z_p = \dfrac{\hat{p}-p}{\sqrt{pq/n}}$ は，平均0，分散1の標準正規分布に従い $z_p \sim N(0,1)$ となる。これを用いて，検定を行えば

よい。

10.7.2 比率の差の検定

ある製品の地域ブロック毎の普及率の相違の検定，不良品の発生率を指標に新旧製法に相違があるかどうかを検定する場合など比率の差を検定する場合がある。このようなときには，平均値の差の検定と同様，比率の差を変数と見做して比率の検定を行えばよい。

2つの母集団の母比率を p_1, p_2 とする。また，これらの母集団からランダムに標本を n_1, n_2 とり，その標本比率が $\hat{p}_1$, $\hat{p}_2$ になったとする。

このとき，標本比率の差 $\hat{p}_1 - \hat{p}_2$ は，n が大きくなるにつれ，

平均 $p_1 - p_2$

分散 $\dfrac{p_1(1-p_1)}{n_1} + \dfrac{p_2(1-p_2)}{n_2}$

の正規分布に従う。したがって，

$$z = \frac{\hat{p}_1 - \hat{p}_2}{\sqrt{\dfrac{\hat{p}_1(1-\hat{p}_1)}{n_1} + \dfrac{\hat{p}_2(1-\hat{p}_2)}{n_2}}}$$

は，近似的に標準正規分布 $N(1,0)$ に近づく。

ただし，比率の差の検定では，帰無仮説 H_0 のもとでは，$p_1 = p_2$ であり，次に示す p の値が使える。

$$p = \frac{n_1 \hat{p}_1 + n_2 \hat{p}_2}{n_1 + n_2}$$

これより，

$$z = \frac{\hat{p}_1 - \hat{p}_2}{\sqrt{pq\left(\dfrac{1}{n_1} + \dfrac{1}{n_2}\right)}} \sim N(0,1) \tag{10.5}$$

これを用いて，検定を行えばよい。

10.8 独立性の検定—分割表の検定

2×2 の分割表の場合も含め，多次元の分割表（$m \times n$ の分割表）における独立性の検定には χ^2 分布が用いられ，χ^2 検定と呼ばれる。**独立性の検定**は観察度数 O_{ij} と観察度数の周辺分布と総数を変えずに得られる期待（理論）度数 E_{ij} との差

$$\chi^2 = \sum_{i=1}^{m} \sum_{j=1}^{n} \left\{ \frac{(O_{ij} - E_{ij})^2}{E_{ij}} \right\} \tag{10.6}$$

が自由度 $(m-1) \times (n-1)$ の χ^2 分布に従うことを利用して行う。

ただし，2×2 の分割表の場合には，連続型への補正であるイエーツの補正 (Yates correction) を行った χ^2 値を用いる。

$$\chi^2 = \sum_{i=1}^{m} \sum_{j=1}^{n} \left\{ \frac{(|O_{ij} - E_{ij}| - 0.5)^2}{E_{ij}} \right\} \tag{10.7}$$

期待（理論）度数を含む場合には，いくつかのカテゴリーを統合するか，より多くのデータを収集すればよい。

10.9 適合度の検定

χ^2 統計量は，データがある理論分布に一致するか否かの検定にも用いられる。この検定は**適合度検定** *Test for goodness of fit* と呼ばれる。

あるコンビニでは消費者の選好がブランドにより異なるか否かを調べるためにAからEまでの5つの異なるブランドのシャンプーを店頭に並べた。100人の購入者の結果が得られたが，それは次のようなものであった。

A	B	C	D	E
10	30	30	10	20

ブランドによる違いがあるか検定を行ってみよう。

仮説は

　　帰無仮説 H_0：消費者により選好の違いがない

　　対立仮説 H_1：消費者により選好の違いがある

もし，消費者による選好度に違いがないとすれば，各ブランドの商品の消費者による期待購入度数 $f(E)$ は次の式で20個と計算できる。

　　$f(E)=$ 総観察度数÷代替ブランド数 $=100\div 5=20$

また，この場合，自由度 $d.f.$ は，対の組数 k から期待度数を計算するときに用いた母数のうち，観察値から推定したものの数 m を引いたものとなり，自由度 $d.f.=k-m$ である。

観察度数と期待度数の和を等しくした場合には，総度数も観察値から推定した母数として数える。

従ってこの場合，総度数が観察値から推定されているので $m-1$，また $k=5$ だから。自由度 $d.f.=5-1=4$ となる。

χ^2 値は，表10-3 より20となる。

表10-3　消費者によるシャンプーの選好度

ブランド名	観察度数 O	期待度数 E	$O-E$	$(O-E)^2$	$(O-E)^2/E$
A	10	20	-10	100	5
B	30	20	10	100	5
C	30	20	10	100	5
D	10	20	-10	100	5
E	20	20	0	0	0
χ^2					20

自由度4の χ^2 分布表を見ると，有意水準5％で $\chi^2(0.05)=9.49$，また，有意水準1％で，$\chi^2(0.01)=13.28$ となっている。従って，$\chi^2=20$ は5％，1％いずれの水準でも有意となり，帰無仮説 H_0 は棄却される。すなわち，消費者により選好度に違いがないとは言えないということになる。表から判断すれば，BやCのブランドが選好されているということになる。

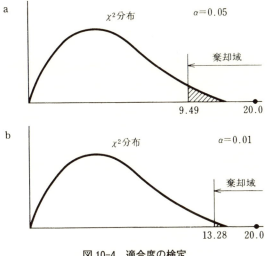

図 10-4 適合度の検定

10.10 相関係数の検定

対になったデータが n 組ある場合の 2 つのデータ間の相関係数 r の有意性検定は次のような手順で行う。

　　帰無仮説 H_0：変数 X と Y の間には相関関係がない。即ち，$r=0$
　　対立仮説 H_1：変数 X と Y の間には相関関係がある。即ち，$r\neq0$
いま，x，y の組数を n とすると，自由度 $d.f.=n-2$。巻末の付表 3 より所与の有意水準 α と組数，自由度を満たす境界値（有意点）を調べ，データから計算された相関係数 r の値との大小を比較し，有意であるか否かを検定する。

10.11 分散に関する検定

10.11.1 等分散の検定

2 つの正規母集団 $N_1(\mu_1, \sigma_1^2)$，$N_2(\mu_2, \sigma_2^2)$ から，それぞれに独立に n_1，n_2 の標本をとり，その平均を $\bar{x}_1$，$\bar{x}_2$ とする。

このとき2つの正規母集団からとられた標本により，母集団の分散が等しい（＝等分散）かどうかを検定してみよう。有意水準は $\alpha=0.05$ とする。

帰無仮説 $H_0 : \sigma_1^2 = \sigma_2^2$

対立仮説 $H_1 : \sigma_1^2 \neq \sigma_2^2$

とすると，統計量 $F = v_1/v_2$ は自由度 $m_1 = n_1-1$, $m_2 = n_2-1$ の F 分布に従う。ここに，$v_1 = \sum_{i=1}^{n_1}(x_{1i}-\bar{x}_1)^2/m_1$, $v_2 = \sum_{i=1}^{n_2}(x_{2i}-\bar{x}_2)^2/m_2$ である。$\alpha=0.05$ の F 分布表より自由度 m_1, m_2 の $F_{m_2}^{m_1}$ 値（境界値）を読み取り，標本から得られた F 値が棄却域に入れば5％水準で有意となり，帰無仮説 H_0 は棄却される。

10.11.2 母分散に関する検定

大きさ n の標本から分散を求め，これが母分散 σ^2 の母集団からランダムに抽出されたものであるか否かを検定する。

帰無仮説 $H_0 : \sigma_0 = \sigma_1$, 対立仮説 $H_1 : \sigma_0 \neq \sigma_1$ のもとで $\sum(x_i-\bar{x})^2/\sigma_0^2$ は，自由度 $m(=n-1)$ の χ^2 分布をするので，標本結果から

$$\chi^2 = S_2/\sigma_0^2 = \frac{\sum(x_i-\bar{x})^2}{\sigma_0^2} \tag{10.8}$$

を求め，χ^2 分布表から求めた自由度 $m(=n-1)$, 有意水準 α の境界値（有意点）と大きさを比較して検定する。

10.11.3 分散の相違についての検定

大きさ n_1, n_2 の2組の標本から分散を求め，これらが同じ母集団からランダムに抽出されたものであるか否かを検定する。

帰無仮説 $H_0 : \sigma_1 = \sigma_2$, 対立仮説 $H_1 : \sigma_1 \neq \sigma_2$ のもとで

統計量 $F = \dfrac{s_1^2}{s_2^2}$

は，F 分布に従う（ただし，$s_1^2 > s_2^2$）。

統計量 $F = s_1^2/s_2^2$ と F 分布表から求めた自由度 $m_1(=n_1-1)$, $m_2(=n_2-1)$, 有意水準 α の境界値（有意点）$F_{m_2}^{m_1}$ と大きさを比較して検定する。

10.12　分散分析

分散分析（*Analysis of Varience*, *ANOVA*）は，実験，観察，測定などにより得られた結果に影響を与える偶然を含む**因子** *Factor* の寄与について分析するものである。

1因子のみを考える場合は**一元配置法**，2つの因子について考える場合には**二元配置法**という。一般化すれば**実験配置法**と呼ばれ，全体としての方法・手順は**実験計画法**と呼ばれる。

いま，表10-4のデータに対し，ある因子についてのみ着目し，その因子による変動と誤差による変動を算術平均 $\bar{x}$ を基準に考えると，全体の変動は個々の値と総平均 $\bar{x}$ の差の2乗和として捉えられる。

表10-4　観測値

x_{11}	x_{12}	$\cdots$	x_{1j}	$\cdots$	x_{1n}	$\bar{x}_1$	
x_{21}	x_{22}	$\cdots$	x_{2j}	$\cdots$	x_{2n}	$\bar{x}_2$	
$\vdots$	$\vdots$		$\vdots$		$\vdots$	$\vdots$	
x_{i1}	x_{i2}	$\cdots$	x_{ij}	$\cdots$	x_{in}	$\bar{x}_i$	標本の平均
$\vdots$	$\vdots$		$\vdots$		$\vdots$	$\vdots$	
x_{m1}	x_{m2}	$\cdots$	x_{mj}	$\cdots$	x_{mn}	$\bar{x}_m$	
						$\bar{x}$	全測定値の平均

すなわち，

$$\text{全体の変動}_{(\text{Total SS})} = \sum_{j=1}^{m} \sum_{i=1}^{n} (x_{ij} - \bar{x})^2 \tag{10.9}$$

また，因子による変動は，**級間変動**とも呼ばれ，

$$\text{級 間 変 動}_{(\text{Between Group SS})} = n \sum_{j=1}^{m} (\bar{x}_i - \bar{x})^2 \tag{10.10}$$

となり，また，誤差による変動は，**級内変動**と呼ばれ

$$\text{級 内 変 動}_{(\text{Within Group SS})} = \sum_{j=1}^{m} \sum_{i=1}^{n} (x_{ij} - \bar{x}_i)^2 \tag{10.11}$$

となる。

表 10-5　一元分散分析表

変動因	平方和	自由度	分散の推定値
級間変動	$n\sum_{j=1}^{m}(\bar{x}_i-\bar{x})^2$	$m-1$	$n\sum_{j=1}^{m}\dfrac{(\bar{x}_i-\bar{x})^2}{m-1}$
級内変動	$\sum_{j=1}^{m}\sum_{i=1}^{n}(x_{ij}-\bar{x}_i)^2$	$m(n-1)$	$\sum_{j=1}^{m}\sum_{i=1}^{n}\dfrac{(x_{ij}-\bar{x}_i)^2}{m(n-1)}$
全体の変動	$\sum_{j=1}^{m}\sum_{i=1}^{n}(x_{ij}-\bar{x})^2$	$mn-1$	

　表 10-5 の**一元分散分析表**を参照されたい。偏差平方和である級間変動を自由度 $m-1$ と級内変動を自由度 $m(n-1)$ で割ると分散になる。

　誤差分散に対する因子分散の比をとるとこの比は F 統計量となり、分散比の検定が行える。誤差分散と因子分散の比が等しいという帰無仮説 H_0 を棄却できれば、因子水準の影響に差があるということになる。

第11章　回帰分析

11.1　単回帰分析

　回帰分析は因果関係を量的な関係として把握しようというものである。**回帰 Regression** という考えは，遺伝学者ゴールトン（F. Galton）が示したもので，彼によれば背の高い親は背の高い子供をもつ傾向があり，逆の場合も成り立つということであった。彼は子供の身長は母集団の平均（同世代の子供の平均身長）に近づく傾向があり，その平均はまた，祖先の身長の大きさであると考えたのである。

　いま，x から y を予測したいときに x と y の相関がゼロであれば，最良の予測値は平均値である。ところが，相関が強くなればなるほど予測はより良いものになっていく。例えば，図11-1(b)に示されているように，もし相関係数が $r=1.000$ であれば，予測は完全なものとなるが，相関係数 r が

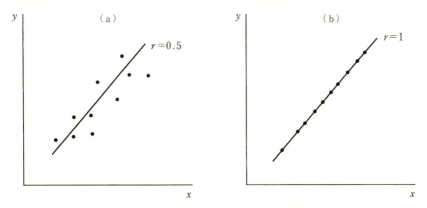

図 11-1　r の値と回帰直線と原データの関係

1.000 より小さくなるにしたがって，予測の精度は低下し，「回帰値」は平均値に近づいていくのである。実際，$r=1.000$ のときの x と y の散布図を描いてみると，それらの値は一直線上に並ぶことになる。つまり，相関が高ければ高いほど，散布図に描かれたデータは回帰直線に近づいていくのである。

線形単回帰直線の基本方程式は次の通りである。

$$\hat{y} = a + bx \tag{11.1}$$

ここで，$\hat{y}$ は従属変数（被説明変数）で y の予測値，x は独立変数（説明変数），また，a は y 切片で，$x=0$ のときの y の予測値で，この点で回帰直線は y 軸と交わる。b は回帰係数といわれる回帰直線の傾きであり，x の 1 単位の変化に対する y の期待変化量を示す。回帰式における y はあくまでも x からの予測値なのである。

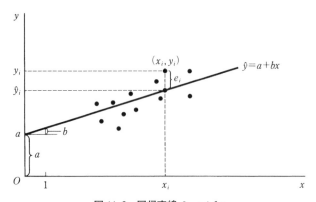

図 11-2　回帰直線 $\hat{y} = a + bx$

回帰直線のパラメータである切片 a と傾き b を求めるには，観察データの対 (x_i, y_i) が作る n 個の点と $\hat{y} = a + bx$ の y 軸と平行な方向での距離の 2 乗和が最小になるようにする**最小二乗法 Least squares method** が用いられる。最小二乗法は，誤差の平方和を最小にするものであり，y の真の値を y_i，y の回帰推定値を $\hat{y}$ とすると，誤差の平方和 $\phi(a, b)$ は

$$\phi = (a, b) = \sum(y_i - \hat{y})^2 = \sum[y_i - (a + bx)]^2 \tag{11.2}$$

となる。$\phi(a, b)$ が極小値をとるためには $\phi(a, b)$ を a, b について偏微

分したものがゼロになることが必要である。

この演算を行い整理すると，正規方程式と呼ばれる次式が得られる。

$$na + b\sum x_i = \sum y_i \tag{11.3}$$

$$a\sum x_i + b\sum x_i^2 = \sum x_i y_i \tag{11.4}$$

これらを a, b について解くと，

$$a = \frac{\sum x_i^2 \sum y_i - \sum x_i \sum x_i y_i}{n\sum x_i^2 - (\sum x_i)^2} \tag{11.5}$$

$$b = \frac{n\sum x_i y_i - \sum x_i \sum y_i}{n\sum x_i^2 - (\sum x_i)^2} \tag{11.6}$$

となる。

ここから，a, b を求めるには $\sum x_i$, $\sum x_i^2$, $\sum y_i$, $\sum x_i y_i$ がわかればよい。したがって，表11-2のような表を作成すると計算に便利である。

それでは，単回帰分析について一つ実際に分析してみよう。

日本の所定内給与額と自動車普及率（新車分）についての回帰分析である。この場合　説明変数 x は所定内給与額であり，被説明変数 y は自動車普及率（新車分）である。

回帰直線の結果は，

$$a = 0.2334, \quad b = -13.575$$

となる。

よって，回帰式は，

$$y = 0.2334x - 13.575$$

となる（図11-3参照）。

その解釈は　所定内給与 x が1000円増加すると，自動車普及率（新車分）が0.2334％上昇するというものになる。

表 11-1　日本の所定内給与額と自動車普及率（新車分）

年	所定内給与額（千円）	新車購入分普及率（％）
1983年	199.4	31.0
1984年	206.5	33.8
1985年	213.8	37.5
1986年	220.6	38.5
1987年	226.2	40.5
1988年	231.9	40.5
1989年	241.8	45.5
1990年	254.7	44.8
1991年	266.3	48.7
1992年	275.2	46.8
1993年	281.1	46.7
1994年	288.4	47.6
1995年	291.3	47.0
1996年	295.6	46.6
1997年	298.9	48.1
1998年	299.1	48.4
1999年	300.6	48.0
2000年	302.2	49.7
2001年	305.8	51.1
2002年	302.6	50.9
2003年	302.1	52.0
2004年	301.6	54.4
2005年	302.0	48.2
2006年	301.8	51.1
2007年	301.1	67.1
2008年	299.1	70.7
2009年	294.5	67.8
2010年	296.2	67.3
2011年	296.8	64.9
2012年	297.7	67.3
2013年	295.7	66.5
2014年	299.6	65.1
2015年	304.0	63.9

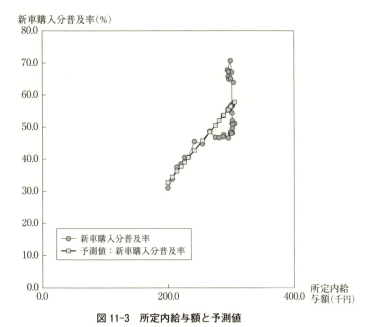

図 11-3 所定内給与額と予測値

11.2 決定係数

いま原データ y と回帰直線により得られる $\hat{y}$ の偏差を $S_{y.x}^2$ とすると (11.1) 式より

$$S_{y.x}^2 = \frac{1}{n}\sum\{y_i-(a+bx_i)\}^2 \tag{11.7}$$

となり，また y の分散は

$$S_y^2 = \frac{1}{n}\sum(y_i-\bar{y})^2 \tag{11.8}$$

である。(11.7) 式と (11.8) 式の差は何を意味するのであろうか？

分散は平均からの乖離であるから，$S_y^2 - S_{y.x}^2$ は何も説明変数を考慮しないときの分散が説明変数を考慮に入れたときの分散からどの程度減少したのかを示し，減少した分だけ説明変数が寄与したことを示す。従って，理論モデ

ル（回帰直線による推定値）の説明力を示すものともいえる。

この差 $S_y^2 - S_{y.x}^2$ が y の分散 S_y^2 に占める割合を**決定係数 R^2** と呼ぶ。

$$R^2 = \frac{S_y^2 - S_{y.x}^2}{S_y^2} = 1 - \frac{S_{y.x}^2}{S_y^2} \qquad (0 \leq R^2 \leq 1) \tag{11.9}$$

決定係数 R^2 は 1 に近いほどモデルの説明力が高いということになる。

表 11-1 に基づく回帰式の決定係数は $R^2 = 0.521$ となっている。

また，一般に説明変数の数が多くなればなるほど決定係数 R^2 は高くなる。少なくとも減ることはない。したがって，決定係数 R^2 の高低のみでモデルのあてはまりの良さを判断するのは早計である。理論が主役にならなければいけないのである。

説明変数の数の差を考慮した上で改めて定義されたものが，**自由度修正済決定係数 $\bar{R}^2$** である。

$$\bar{R}^2 = 1 - \frac{n-1}{n-2}(1-R^2) \tag{11.10}$$

11.3　回帰係数の推定と検定

母回帰直線を $y = \alpha + \beta x$ とし，α, β の推定と検定を行ってみよう。

いま $\{y-(a+bx)\}$ $(i=1, 2, \cdots, n)$ がお互いに独立で，いずれも平均値 0，標準偏差 σ_{y-x} の正規分布に従うとすると，

$$t = \frac{b-\beta}{SE_{y.x}} \sum(x_i - \bar{x})^2 \tag{11.11}$$

は，自由度 $n-2$ の t 分布に従う。

$$-t_\alpha(n-2) < \frac{b-\beta}{SE_{y.x}} \sum(x_i - \bar{x})^2 < t_\alpha(n-2) \tag{11.12}$$

より

$$b - t_\alpha(n-2) \frac{SE_{y.x}}{\sqrt{\sum(x_i-\bar{x})^2}} < \beta < b + t_\alpha(n-2) \frac{SE_{y.x}}{\sqrt{\sum(x_i-\bar{x})^2}} \tag{11.13}$$

ここに $SEy.x$ は標準誤差で

$$SEy.x = \sqrt{\frac{\sum\{y_i-(a+bx_i)\}^2}{n-2}} \qquad (11.14)$$

回帰係数の検定は以下の通りである。

　　　帰無仮説 $H_0: \beta=0$
　　　対立仮説 $H_1: \beta \neq 0$

とする。

　　　帰無仮説 H_0 のもとで, $t = \dfrac{b}{SEy.x}\sqrt{\sum(x_i-\bar{x})^2}$

は自由度 $n-2$ の t 分布に従うので,

$$t_0 = 5.812 > t_{0.05}(31) = 2.042$$

よって, 有意となる。従って帰無仮説は棄却される。すなわち, $\beta \neq 0$ となる。

11.4 重回帰分析モデル

単回帰分析では1つの説明変数（独立変数, *independent variable* (X)）と1つの目的変数（従属変数, *dependent variable* (Y)）の線型回帰の論理と手順及び統計的検定についての説明を行った。

重回帰分析は, この線型単回帰分析の説明変数を1つではなく複数にしたものである。経営の分野では主に線型回帰分析が用いられているため, 本書では非線型回帰分析については扱わず, 線型回帰モデルについてのみ扱うものとする。

重回帰分析モデルは次の形で一般化できる。

$$Y_i = \alpha + \beta_1 X_{i1} + \beta_2 X_{i2} + \beta_3 X_{i3} + \cdots + \beta_k X_{ik} + \varepsilon_i \qquad (11.15)$$

このとき

　　　Y_i：目的変数 Y の実測値
　　　α：切片, 回帰定数, すべての X が0の場合の Y の値
　　　β_j：偏回帰係数, X_{ij} の係数, X_j が1増加した場合の Y_i の増加量

X_{ij}：説明変数 X の実測値

$ε_i$：予測誤差

といい，このモデルは単回帰分析モデルと同様に仮定が存在する。

Y_i は確率変数 *random variable* であり，それぞれの X_{ij} において，正規分布を示す。X_{ij} は互いに独立している。$ε_i$ は独立に $N(0, σ_i)$ に従う。

11.5 重回帰式

単回帰の場合には，(x, y) 平面上の n 個の点の集合に対して直線を当てはめたが，重回帰分析の場合には，$(X_1, X_2, ..., X_k, Y)$ という $(k+1)$ 次元空間を想定することとなる。

予測値 Y は次の**重回帰式** *Multiple regression equation* 式によって表される。

$$Y = a + b_1 X_1 + b_2 X_2 + b_3 X_3 + \cdots\cdots + b_k X_k \tag{11.16}$$

このときの予測値と実測値 Y_i (i=1, 2, 3, ...n) との差（**予測誤差**）の平方和が最小となる回帰式を求める（最小二乗法）。

これは，$(X_1, X_2, ..., X_p)$ の**分散共分散行列**（V）と Y と $X_1, X_2, ..., X_p$ の共分散行列（S）により求めることができる。

$$S_{jl} = \frac{1}{n} \sum_{i=1}^{n} (X_{ji} - \bar{X}_j)(X_{li} - \bar{X}_l) \quad (j, l = 1, 2, 3, ..., p) \tag{11.17}$$

$$S_{yj} = \frac{1}{n} \sum_{i=1}^{n} (Y_i - \bar{Y})(X_{ji} - \bar{X}_j) \quad (j = 1, 2, 3, ..., p) \tag{11.18}$$

である分散共分散行列と

$$V = \begin{bmatrix} S_{11} & S_{12} & .. & S_{1l} & S_{1p} \\ S_{21} & S_{22} & .. & S_{2l} & S_{2p} \\ .. & .. & .. & .. & .. \\ S_{j1} & S_{j2} & .. & S_{jl} & S_{jp} \\ .. & .. & .. & .. & .. \\ S_{p1} & S_{p2} & .. & S_{pl} & S_{pp} \end{bmatrix} \quad と \quad b = \begin{bmatrix} b_1 \\ b_2 \\ .. \\ .. \\ .. \\ b_p \end{bmatrix} \quad S = \begin{bmatrix} S_{y1} \\ S_{y2} \\ .. \\ S_{yj} \\ .. \\ S_{yp} \end{bmatrix}$$

を使用して，

$$\begin{cases} S_{11}b_1 + S_{12}b_2 + \cdots + S_{1p}b_p = S_{y1} \\ S_{21}b_1 + S_{22}b_2 + \cdots + S_{2p}b_p = S_{y2} \\ \quad \cdots \cdots \\ S_{j1}b_1 + S_{j2}b_2 + \cdots + S_{jp}b_p = S_{yj} \\ \quad \cdots \cdots \\ S_{p1}b_1 + S_{p2}b_2 + \cdots + S_{pp}b_p = S_{yp} \end{cases}$$

という連立方程式を解くことで回帰係数 b_n が求まり，定数項 a は

$$a = \bar{y} - (b_1 \bar{X}_1 + \cdots + b_p \bar{X}_p) \tag{11.19}$$

となる。

〈例題 11.1〉 下の表 11-2 のデータを使用して，回帰係数 b_1, b_2 および定数項 a を求め，重回帰式を求めよ。

表 11-2 店舗別売上高，営業日，売り場面積

	目的変数 売上高（円）	説明変数1 営業日（日）	説明変数2 売り場面積（m²）
A 店舗	19,265,441	30	286
B 店舗	15,178,034	26	283
C 店舗	18,508,173	27	283
D 店舗	17,695,686	28	290
E 店舗	17,700,987	29	285
F 店舗	17,811,869	28	285
G 店舗	19,650,658	29	290
H 店舗	17,189,156	29	289
I 店舗	16,622,380	26	285
J 店舗	17,754,662	30	285

$$V = \begin{bmatrix} 1.96 & 1.48 \\ 1.48 & 6.29 \end{bmatrix}$$

$$S = \begin{bmatrix} 1099659.68 \\ 1226662.04 \end{bmatrix}$$

より，

$$\begin{cases} 1.96\,b_1 + 1.48\,b_2 = 1099659.68 \\ 1.48\,b_1 + 6.29\,b_2 = 1226662.04 \end{cases}$$

を解くと,

$b_1 = 503195.85$

$b_2 = 7668.79$

$a = -18373054.19$ となる。

このことから,重回帰式は

$Y = -18373054.19 + 503195.85\,X_1 + 76618.79\,X_2$

となる。この重回帰式は X_1 (営業日) が1日増加すると Y (売上高) が約50万円増加することを表す。同様に, X_2 (売り場面積) が1㎡増加すると売上高が約7万7千円増加することを表している。

11.6 重回帰分析と統計的検定

重回帰分析の場合にも,単回帰分析と同様に,母集団における偏回帰係数 β の有意性について,つまり,モデルの有効性について検討をする必要があり,以下でモデルのパフォーマンスとともに,モデルにおけるそれぞれの β_j の有効性を検討する。

例えば,4つの説明変数がある場合,まず,モデル全体の有意性について検定する。これは,帰無仮説 H_0: すべての β は0であるという仮説を設定し,この仮説を棄却することにより,対立仮説 H_1: 少なくとも1つの β は0ではないを採択する。モデル全体の検定を行う際には,分散分析における F 分布を使用する。検定を行い,帰無仮説が棄却される,つまり,対立仮説 H_1: 少なくとも1つの β は0ではないが採択された場合には,個々の β_j の有意性について検定を行う。この場合の帰無仮説は H_0: β_j は0であるとなり,対立仮説は H_1: β_j は0ではないとなる。この場合,単回帰分析の検定において使用したステューデントの t 分布もしくは F 分布を使用する。検定において帰無仮説が棄却され, β_j は0ではないという対立仮説が採択された独立変数はモデルに有効である,すなわち,目的変数を説明する説明変

数として有効であるとみなし，帰無仮説が採択された説明変数に関しては，目的変数を説明する際に有効ではない，つまり，目的変数に影響を与えていないものとして，モデル式から除去することになる。

11.7 コンピュータによる出力結果

ある企業では，売上高は広告宣伝費，営業員数，研究開発費によって変動するのではないかという仮説をたて，企業の製品をランダムに30個選び出し，そのデータを使用して重回帰分析を行った（表11-3参照）。

表11-3

	Y 年間売上高(万円)	X_1 広告宣伝費(万円)	X_2 営業員数(人)	X_3 研究開発費(万円)
製品1	120.7	50.2	9	12.8
製品2	121.9	81.9	9	8.1
製品3	109.1	64.4	6	9.5
製品4	121.1	71.6	6	10.4
製品5	88.1	44.2	5	5.2
製品6	80.8	34.0	4	5.0
製品7	70.8	37.2	7	10.7
製品8	125.9	63.1	8	10.6
製品9	124.5	79.6	6	9.5
製品10	103.7	69.0	4	6.0
製品11	97.7	44.6	6	6.7
製品12	126.9	102.2	6	12.2
製品13	87.3	52.2	4	5.4
製品14	142.0	91.7	10	15.5
製品15	129.5	69.6	7	9.0
製品16	98.1	54.9	11	9.2
製品17	111.0	68.3	7	7.7
製品18	95.6	56.8	9	10.1
製品19	118.9	63.4	4	10.1
製品20	103.1	54.2	4	4.9
製品21	115.7	68.1	9	7.2
製品22	97.8	44.6	6	7.4
製品23	121.5	59.9	6	11.5
製品24	116.6	72.7	8	9.1
製品25	111.8	65.2	7	9.0

製品26	132.2	64.7	8	12.1
製品27	96.0	51.1	6	4.5
製品28	105.6	44.9	4	6.4
製品29	97.1	59.8	5	7.5
製品30	119.0	76.7	8	7.9

SPSS (Statistical Package for the Social Sciences) による出力結果は次の通りである。

投入済み変数[1]

モデル	投入済み変数
1	研究開発費
	広告宣伝費
	営業員数

1) 従属変数：年間売上高

モデル集計

モデル	R	R^2	調整済みR^2	推定値の標準誤差
1	.834	.696	.661	9.6058

(注) 予測値：定数, 研究開発費, 広告宣伝費, 営業員数。

分散分析

モデル		平方和	自由度	平均平方	F値	有意確率
1	回帰	5498.594	3	1832.865	19.864	.000
	残差	2399.053	26	92.271		
	全体	7897.647	29			

(注) 1) 予測値：定数, 研究開発費, 広告宣伝費, 営業員数。
    2) 従属変数：年間売上高

係数

モデル		非標準化係数		標準化係数	t	有意確率
		B	標準誤差	ベータ		
1	(定数)	50.898	8.376		6.007	.000
	広告宣伝費	.663	.133	.622	4.968	.000
	営業員数	$-7.275\text{E}-03$	1.106	$-.001$	$-.007$	.995
	研究開発費	2.034	.890	.327	2.286	.031

また，出力結果は以下のステップにより分析される．

11.7.1 モデル全体の仮説検証

H_0：すべての β は 0 である．

H_1：少なくとも 1 つの β は 0 ではない．

この仮説を検証する際には，F 分布を使用し，分散分析表における F 値を検証する．回帰モデルによる変動の分散と実測値の回帰モデルからの残差の分散が同一のものであること，つまり，回帰モデルは目的変数を説明することはできないという仮説を検定する．このとき，F 値は第 1 自由度 3 （説明変数の数），第 2 自由度 26 （個体数 – 説明変数の数 – 1）の F 分布に従うとされているので，5 ％水準で帰無仮説 H_0 が棄却される．モデルが有効であるとされるのは，分散分析における F 値が $F_{26}^{3}(0.05) = 2.98$ より大きい値となる場合である．分散分析表から，F 値は 19.864 であるので，19.864 > $F_{26}^{3}(0.05)$ となり，H_0：すべての β は 0 であるという仮説は棄却され，少なくとも 1 つの β は 0 ではないという仮説が採択される．このことは，モデルの中の少なくともひとつの偏回帰係数は目的変数を説明するのに役立っているであろうということになる．この分散分析における F 値が棄却域に入らなかった場合には，モデルの説明変数は意味のないものである可能性が高く，説明変数を検討しなおしてモデルを再構築する必要がある．

11.7.2 個々の β_j の有意性について検定

偏回帰係数のうち少なくとも 1 つが有効であると思われる場合には，個々の β_j について，有効であるかどうかを検討する必要がある．これを検証しているのが，係数という表である．ここにおける t 値は t 分布に従うので，自由度 26 （個体数 – 説明変数の数 – 1）の t 分布表において 5 ％水準で棄却域を設けた場合には，この棄却域に入った場合に，H_0：β_j は 0 である，という帰無仮説を棄却する．

① 広告宣伝費

$H_0 : \beta_1 = 0$

$H_1 : \beta_1 \neq 0$

$|t| = 4.968 > t_{0.05}(26) = 2.056$ より，t 値は5％水準で有意であり，$\beta_1 = 0$ という帰無仮説は棄却され，広告宣伝費は売上高を変動させる有効な変数であると思われる。

② 営業員数

$H_0 : \beta_2 = 0$

$H_1 : \beta_2 \neq 0$

$|t| = 0.007 < t_{0.05}(26) = 2.056$ より，t 値は5％水準で有意とはいえず，$\beta_2 = 0$ という帰無仮説は棄却されない。すなわち，営業員数は売上高を変動させる有効な変数であるとはいえない。

③ 研究開発費

$H_0 : \beta_3 = 0$

$H_1 : \beta_3 \neq 0$

$|t| = 2.286 > t_{0.05}(26) = 2.056$ より，t 値は5％水準で有意であり，$\beta_3 = 0$ という帰無仮説は棄却され，研究開発費は売上高を変動させる有効な変数であると思われる。

このことから，広告宣伝費と研究開発費は売上高を変動させる有効な変数であるということができるが，営業員数については，売上高に影響を及ぼしているとはいえない。

11.7.3 説明変数の選定

この場合，営業員数はモデルに寄与しないので，従業員数を除き，広告宣伝費と研究開発費を説明変数として，重回帰分析をもう1度行うものとする。その結果を以下に示す。

投入済み変数と従属変数[1]

モデル	投入済み変数
1	研究開発費
	広告宣伝費

1) 従属変数：年間売上高

モデル集計

モデル	R	R^2	調整済みR^2	推定値の標準誤差
1	.834	.696	.674	9.4262

(注) 予測値：定数，研究開発費，広告宣伝費。

分散分析

モデル		平方和	自由度	平均平方	F値	有意確率
1	回帰	5498.590	2	2749.295	30.942	.000
	残差	2399.057	27	88.854		
	全体	7897.647	29			

(注) 1) 従属変数：年間売上高
    2) 予測値：定数，研究開発費，広告宣伝費。

係数

モデル		非標準化係数		標準化係数	t	有意確率
		B	標準誤差	ベータ		
1	(定数)	50.878	7.669		6.634	.000
	広告宣伝費	.663	.131	.622	5.074	.000
	研究開発費	2.032	.763	.326	2.664	.013

(注) 従属変数：年間売上高

この結果から，回帰モデルは

$Y = 50.878 + .663\,広告宣伝費 + 2.032\,研究開発費$

となる。このことは，

① 研究開発費に変動がない状態で，広告宣伝費を1万円増加させると売上高が.633万円（6330円）増加する。

② 広告宣伝費に変動がない状態で，研究開発費を1万円増加させると売

上高は2.032万円（2万320円）増加する，
ことを意味する。

11.7.4 重相関係数 R と決定係数 R^2

出力結果はこの他にも重要な情報を提供している。

R は予測値と実測値の相関係数を表す。このことは，説明変数全体が目的変数とどの程度関係しているかを示している。R^2はこの相関係数を2乗したもので，決定係数と呼ばれ，モデル中の説明変数が目的変数の変動のどのくらいを説明しているかを示している。例を使用すると，売上高の変動の69.6％が広告宣伝費と研究開発費によって説明され，残りの30.4％は他の要因によるということを示している。

表11-4 重相関係数 R と決定係数 R^2 とモデルの適合性

	重相関係数R	決定係数 R^2
適合性あり	0.9以上	0.8以上
まあまあ適合性あり	0.7以上	0.5以上
適合性が低い	0.6以下	0.4以下

11.7.5 ベータ

測定単位の違う多数の説明変数間で目的変数への寄与度を比較するために調整された値がベータである。このベータが多いほど，その説明変数はモデルに貢献していることを示す。例の場合では，研究開発費の方が広告宣伝費よりも売上高に貢献しているということができる。

この例では，はじめに3つの説明変数をモデルに選択し，有意でない説明変数を除去した。その結果，モデルには2つの説明変数が選択された。

説明変数を選択する上で，重要なことは，①目的変数の変動をよく説明しているもの，②操作や測定のしやすいもの，③説明変数間の相関係数があまり高くないもの，であるとされる。このような回帰式における説明変数の選択法には，総当たり法，前進選択法，後進除去法，ステップワイズ法等がある。

どの選択方法を使用する場合でも，予め説明変数を用意するのは，分析者自身である点を考慮にいれなければならない。目的変数の変動を統計的に説明する説明変数は相関をもとに決定されているため，偶然変数間に相関があるような場合には，統計上は有意な説明変数として選択される場合でも，実際には，目的変数の変動を説明できない説明変数，つまり，目的変数と因果関係のない説明変数が選ばれてしまう可能性がある。分析者は理論上因果関係があると思われる変数を説明変数として予め用意する必要がある。

11.8 ダミー変数

説明変数が，数値としての意味をもつ変数，つまり，量的な変数である場合には，モデルにおける重回帰係数は意味のあるものとなる。しかし，性別や学歴など，質的なもの，カテゴリカルなものを回帰式の説明変数として採用したい場合も存在するであろう。例えば，収入の変動に性別や学歴が影響を及ぼしているというモデルを想定する場合である。このような場合には，女性を0，男性を1とする説明変数をモデルに採用する。このように，質的特性を0，1で表す変数を**ダミー変数**と呼ぶ。

おわりに
―― IT 時代の統計的分析の秘訣 ――

　鈴木敏文イトーヨーカ堂社長兼セブンイレブン・ジャパン会長の統計に対する思い入れを語った『鈴木敏文の「統計心理学」』（勝見明著プレジデント社，2002年）には，データや情報を読み解くその「5つの極意・プラス・ワン」とされるものが示されている。
　すなわち，①「売り手から買い手へ視点を変えると別のデータが見えてくる」，②「統計データは鵜呑みにするな，その背景や中身を突きつめろ」，③「同じデータ，情報でも，「分母」を変えると意味が逆転する」，④「何故，モノが売れないのか，心理抜きには統計は読み切れない」，⑤「仮説・検証で初めてデータが生きる，WHY と WHAT の問題意識を常に持つ」そしてプラスワンは「自分の都合のよいように数字のつじつま合わせをするな」である。
　POS システムを駆使する企業のトップがデータや情報に向かう姿勢は，生き生きとしたデータ情報に接するとともに，それらに溺れず，それらの活用について明確な目的意識をもちつつ，仮説・検証という実践プロセスを重視するというものであった。こうした姿勢は，ビジネスのトップのみでなく，統計を使う一般市民，学生にも有用なものである。
　また，R. R. Newton & K. E. Rudestam はその著書『Your Statistical Consultant』（Sage 社，1999年）で，「統計的分析を成功させるための10の秘訣」を紹介している。
① 分析の前にデータに精通すること
② 統計的手法を用いた分析の前に図表を用いてデータを完全に精査すること
③ 言葉よりも図表の方がデータの理解に役立つことがあることを忘れな

いこと
④ 反復実験（検証）が重要であること
⑤ 統計的有意性と現実の重要性の相違を忘れないこと
⑥ 統計的有意性と有効サイズ Effect size の重要性の相違を忘れないこと
⑦ 統計はそれ自体では何も語らないこと
⑧ できるだけ素朴な手法を用いること
⑨ コンサルタント（相談人）を使うこと
⑩ 分析に失望しすぎないように

これら10の秘訣は，研究者向けに語られたものであり，統計的手法に即したやや専門的なものも含まれているが，「⑦統計はそれ自体では何も語らないこと」は，統計利用者の理論的アプローチの重要性を指摘し，理論なしには現象を理解するすなわち「わかる」ことにはならないことをも語っている。

また，「⑧できるだけ素朴な手法を用いること」は，「手法に溺れるな！」あるいは「手法に驚かされるな！」というメッセージになっている。

さらに「⑩分析に失望しすぎないように」とは，一方で統計的分析が問題を一挙に解決するものではなく，それへの過剰な期待を戒めるとともに，他方では，たとえ統計的分析の結果が意図したもののほんの一部であったり，あるいはまったく異なっていたりしても，それが新しいアイデアや引き続く研究テーマを生む源泉になったりすることもあるので，「失望」しすぎてはいけないという意味でもある。

「基本に帰り，軸をぶらさない道具に精通した情報・統計の利用者になること」

繰り返しになるが，読者がこのモデルに少しでも近づいていくことを，そして，「統計学は面白い」，味のある道具である，と思って頂けることを期待して止みません。

付表一覧

付表1 標準正規分布表
付表2 ポアソン分布表
付表3 t 分布表
付表4 χ^2 分布表
付表5 F 分布表
付表6 乱数表

付表 1　標準正規分布表

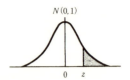

z	.00	.01	.02	.03	.04	.05	.06	.07	.08	.09
.0	.5000	.4960	.4920	.4880	.4840	.4801	.4761	.4721	.4681	.4641
.1	.4602	.4562	.4522	.4483	.4443	.4404	.4364	.4325	.4286	.4247
.2	.4207	.4168	.4129	.4090	.4052	.4013	.3974	.3936	.3897	.3859
.3	.3821	.3783	.3745	.3707	.3669	.3632	.3594	.3557	.3520	.3483
.4	.3446	.3409	.3372	.3336	.3300	.3264	.3228	.3192	.3156	.3121
.5	.3085	.3050	.3015	.2981	.2946	.2912	.2877	.2843	.2810	.2776
.6	.2743	.2709	.2676	.2643	.2611	.2578	.2546	.2514	.2483	.2451
.7	.2420	.2389	.2358	.2327	.2296	.2266	.2236	.2206	.2177	.2148
.8	.2119	.2090	.2061	.2033	.2005	.1977	.1949	.1922	.1894	.1867
.9	.1841	.1814	.1788	.1762	.1736	.1711	.1685	.1660	.1635	.1611
1.0	.1587	.1562	.1539	.1515	.1492	.1469	.1446	.1423	.1401	.1379
1.1	.1357	.1335	.1314	.1292	.1271	.1251	.1230	.1210	.1190	.1170
1.2	.1151	.1131	.1112	.1093	.1075	.1056	.1038	.1020	.1003	.0985
1.3	.0968	.0951	.0934	.0918	.0901	.0885	.0869	.0853	.0838	.0823
1.4	.0808	.0793	.0778	.0764	.0749	.0735	.0721	.0708	.0694	.0681
1.5	.0668	.0655	.0643	.0630	.0618	.0606	.0594	.0582	.0571	.0559
1.6	.0548	.0537	.0526	.0516	.0505	.0495	.0485	.0475	.0465	.0455
1.7	.0446	.0436	.0427	.0418	.0409	.0401	.0392	.0384	.0375	.0367
1.8	.0359	.0351	.0344	.0336	.0329	.0322	.0314	.0307	.0301	.0294
1.9	.0287	.0281	.0274	.0268	.0262	.0256	.0250	.0244	.0239	.0233
2.0	.0228	.0222	.0217	.0212	.0207	.0202	.0197	.0192	.0188	.0183
2.1	.0179	.0174	.0170	.0166	.0162	.0158	.0154	.0150	.0146	.0143
2.2	.0139	.0136	.0132	.0129	.0125	.0122	.0119	.0116	.0113	.0110
2.3	.0107	.0104	.0102	.0099	.0096	.0094	.0091	.0089	.0087	.0084
2.4	.0082	.0080	.0078	.0075	.0073	.0071	.0069	.0068	.0066	.0064
2.5	.0062	.0060	.0059	.0057	.0055	.0054	.0052	.0051	.0049	.0048
2.6	.0047	.0045	.0044	.0043	.0041	.0040	.0039	.0038	.0037	.0036
2.7	.0035	.0034	.0033	.0032	.0031	.0030	.0029	.0028	.0027	.0026
2.8	.0026	.0025	.0024	.0023	.0023	.0022	.0021	.0021	.0020	.0019
2.9	.0019	.0018	.0018	.0017	.0016	.0016	.0015	.0015	.0014	.0014
3.0	.0013	.0013	.0013	.0012	.0012	.0011	.0011	.0011	.0010	.0010

付表2　ポアソン分布表

x と λ から P_x を求める表　　　$P_x = \dfrac{e^{-\lambda}\lambda^x}{x!}$

x \ λ	0.10	0.20	0.30	0.40	0.50	0.60	0.70	0.80	0.90	1.0
0	.90484	.81873	.74082	.67032	.60653	.54881	.49659	.44933	.40657	.36788
1	.09048	.16375	.22225	.26813	.30327	.32929	.34761	.35946	.36591	.36788
2	.00452	.01637	.03334	.05363	.07582	.09879	.12166	.14379	.16466	.18394
3	.00015	.00109	.00333	.00715	.01264	.01976	.02839	.03834	.04940	.06131
4		.00005	.00025	.00072	.00158	.00296	.00497	.00767	.01111	.01533
5			.00002	.00006	.00016	.00036	.00070	.00123	.00200	.00307
6				.00001	.00001	.00004	.00008	.00016	.00030	.00051
7						.00001	.00001	.00002	.00004	.00007
8										.00001

x \ λ	1.1	1.2	1.3	1.4	1.5	1.6	1.7	1.8	1.9	2.0
0	.33287	.30119	.27253	.24660	.22313	.20190	.18268	.16530	.14957	.13534
1	.36616	.36143	.35429	.34524	.33470	.32303	.31056	.29754	.28418	.27067
2	.20139	.21686	.23029	.24167	.25102	.25843	.26398	.26778	.26997	.27067
3	.07384	.08674	.09979	.11278	.12551	.13783	.14959	.16067	.17098	.18045
4	.02031	.02602	.03243	.03947	.04707	.05513	.06357	.07230	.08122	.09022
5	.00447	.00625	.00843	.01105	.01412	.01764	.02162	.02603	.03086	.03609
6	.00082	.00125	.00183	.00258	.00353	.00470	.00612	.00781	.00977	.01203
7	.00013	.00021	.00034	.00052	.00076	.00108	.00149	.00201	.00265	.00344
8	.00002	.00003	.00006	.00009	.00014	.00022	.00032	.00045	.00063	.00086
9			.00001	.00001	.00002	.00004	.00006	.00009	.00013	.00019
10						.00001	.00001	.00002	.00003	.00004
11										.00001

x \ λ	2.1	2.2	2.3	2.4	2.5	2.6	2.7	2.8	2.9	3.0
0	.12245	.11080	.10025	.09072	.08208	.07427	.06720	.06081	.05502	.04979
1	.25715	.24377	.23059	.21772	.20521	.19311	.18145	.17027	.15956	.14936
2	.27001	.26814	.26518	.26127	.25651	.25104	.24496	.23838	.23137	.22404
3	.18901	.19664	.20330	.20901	.21376	.21757	.22046	.22248	.22366	.22404
4	.09923	.10815	.11690	.12541	.13360	.14142	.14881	.15574	.16215	.16803
5	.04167	.04759	.05377	.06020	.06680	.07354	.08036	.08721	.09404	.10082
6	.01458	.01745	.02061	.02408	.02783	.03187	.03616	.04070	.04545	.05041
7	.00437	.00548	.00677	.00826	.00994	.01184	.01394	.01628	.01883	.02160
8	.00114	.00151	.00194	.00248	.00310	.00385	.00470	.00570	.00682	.00810
9	.00026	.00037	.00049	.00066	.00086	.00111	.00141	.00177	.00220	.00270
10	.00005	.00008	.00011	.00016	.00021	.00029	.00038	.00050	.00063	.00081
11	.00001	.00002	.00002	.00003	.00004	.00007	.00009	.00013	.00016	.00022
12				.00001	.00001	.00001	.00002	.00003	.00004	.00006
13							.00001	.00001	.00001	.00001

付表3 　t 分布表

自由度 $m(=d.f.)$ と α から t の値を求める表

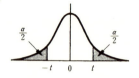

m \ α	0.50	0.30	0.20	0.10	0.05	0.02	0.01	0.001
1	1.000	1.963	3.078	6.314	12.706	31.821	63.657	636.619
2	0.816	1.386	1.886	2.920	4.303	6.965	9.925	31.598
3	0.756	1.250	1.638	2.353	3.182	4.541	5.841	12.941
4	0.741	1.190	1.533	2.132	2.776	3.747	4.604	8.610
5	0.727	1.156	1.476	2.015	2.571	3.365	4.032	6.859
6	0.718	1.134	1.440	1.943	2.447	3.143	3.307	5.959
7	0.711	1.119	1.415	1.895	2.365	2.998	3.499	5.405
8	0.706	1.108	1.397	1.860	2.306	2.896	3.355	5.041
9	0.703	1.100	1.383	1.833	2.262	2.821	3.250	4.781
10	0.700	1.093	1.372	1.812	2.228	2.764	3.169	4.587
11	0.697	1.088	1.363	1.796	2.201	2.718	3.106	4.437
12	0.695	1.083	1.356	1.782	2.179	2.681	3.055	4.318
13	0.694	1.079	1.350	1.771	2.160	2.650	3.012	4.221
14	0.692	1.076	1.345	1.761	2.145	2.624	2.977	4.140
15	0.691	1.074	1.341	1.753	2.131	2.602	2.947	4.073
16	0.690	1.071	1.337	1.746	2.120	2.583	2.921	4.015
17	0.689	1.069	1.333	1.740	2.110	2.567	2.898	3.965
18	0.688	1.067	1.330	1.734	2.101	2.552	2.878	3.922
19	0.688	1.066	1.328	1.729	2.093	2.539	2.861	3.883
20	0.687	1.064	1.325	1.725	2.086	2.528	2.845	3.850
21	0.686	1.063	1.323	1.721	2.080	2.518	2.831	3.819
22	0.686	1.061	1.321	1.717	2.074	2.508	2.819	3.792
23	0.685	1.060	1.319	1.714	2.069	2.500	2.807	3.767
24	0.685	1.059	1.318	1.711	2.064	2.492	2.797	3.745
25	0.684	1.058	1.316	1.708	2.060	2.485	2.787	3.725
26	0.684	1.058	1.315	1.706	2.056	2.479	2.779	3.707
27	0.684	1.057	1.314	1.703	2.052	2.473	2.771	3.690
28	0.683	1.056	1.313	1.701	2.048	2.467	2.763	3.674
29	0.683	1.055	1.311	1.699	2.045	2.462	2.756	3.659
30	0.683	1.055	1.310	1.697	2.042	2.457	2.750	3.646
40	0.681	1.050	1.303	1.684	2.021	2.423	2.704	3.551
60	0.679	1.046	1.296	1.671	2.000	2.390	2.660	3.460
120	0.677	1.041	1.289	1.658	1.980	2.358	2.617	3.373
∞	0.674	1.036	1.282	1.645	1.960	2.326	2.576	3.291

（注）自由度 $m = d.f. = n-1$

付表4 χ^2 分布表

自由度 $m(=d.f.)$ と α から χ^2 の値を求める表

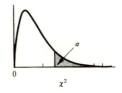

α m	0.990	0.975	0.950	0.900	0.750	0.500	0.250	0.100	0.050	0.025	0.010
1	—	—	—	0.02	0.10	0.45	1.32	2.71	3.84	5.02	6.63
2	0.02	0.05	0.10	0.21	0.58	1.39	2.77	4.61	5.99	7.38	9.21
3	0.11	0.22	0.35	0.58	1.21	2.37	4.11	6.25	7.81	9.35	11.34
4	0.30	0.48	0.71	1.06	1.92	3.36	5.39	7.78	9.49	11.14	13.28
5	0.55	0.83	1.15	1.61	2.67	4.35	6.63	9.24	11.07	12.83	15.09
6	0.87	1.24	1.64	2.20	3.45	5.35	7.84	10.64	12.59	14.45	16.81
7	1.24	1.69	2.17	2.83	4.25	6.35	9.04	12.02	14.07	16.01	18.48
8	1.65	2.18	2.73	3.49	5.07	7.34	10.22	13.36	15.51	17.53	20.09
9	2.09	2.70	3.33	4.17	5.90	8.34	11.39	14.68	16.92	19.02	21.67
10	2.56	3.25	3.94	4.87	6.74	9.34	12.55	15.99	18.31	20.48	23.21
11	3.05	3.82	4.57	5.58	7.58	10.34	13.70	17.28	19.68	21.92	24.72
12	3.57	4.40	5.23	6.30	8.44	11.34	14.85	18.55	21.03	23.34	26.22
13	4.11	5.01	5.89	7.04	9.30	12.34	15.98	19.81	22.36	24.74	27.69
14	4.66	5.63	6.57	7.79	10.17	13.34	17.12	21.06	23.68	26.12	29.14
15	5.23	6.27	7.26	8.55	11.04	14.34	18.25	22.31	25.00	27.49	30.58
16	5.81	6.91	7.96	9.31	11.91	15.34	19.37	23.54	26.30	28.85	32.00
17	6.41	7.56	8.67	10.09	12.79	16.34	20.49	24.77	27.59	30.19	33.41
18	7.01	8.23	9.39	10.86	13.68	17.34	21.60	25.99	28.87	31.53	34.81
19	7.63	8.91	10.12	11.65	14.56	18.34	22.72	27.20	30.14	32.85	36.19
20	8.26	9.59	10.85	12.44	15.45	19.34	23.83	28.41	31.41	34.17	37.57
21	8.90	10.28	11.59	13.24	16.34	20.34	24.93	29.62	32.67	35.48	38.93
22	9.54	10.98	12.34	14.04	17.24	21.34	26.04	30.81	33.92	36.78	40.29
23	10.20	11.69	13.09	14.85	18.14	22.34	27.14	32.01	35.17	38.08	41.64
24	10.86	12.40	13.85	15.66	19.04	23.34	28.24	33.20	36.42	39.36	42.98
25	11.52	13.12	14.61	16.47	19.94	24.34	29.34	34.38	37.65	40.65	44.31
26	12.20	13.84	15.38	17.29	20.84	25.34	30.43	35.56	38.89	41.92	45.64
27	12.88	14.57	16.15	18.11	21.75	26.34	31.53	36.74	40.11	43.19	46.96
28	13.56	15.31	16.93	18.94	22.66	27.34	32.62	37.92	41.34	44.46	48.28
29	14.26	16.05	17.71	19.77	23.57	28.34	33.71	39.09	42.56	45.72	49.59
30	14.95	16.79	18.49	20.60	24.48	29.34	34.80	40.26	43.77	46.98	50.89

付表 5　F 分布表 (1)

2つの自由度 m_1, m_2 と α から F の値を求める表

$\alpha = 0.005$

m_1：分子の自由度，m_2：分母の自由度

$m_2 \backslash m_1$	1	2	3	4	5	6	7	8	9	10	12	15	20	24	30	40	60	120	∞
1	16210.7	19999.5	21614.7	22499.6	23055.8	23437.1	23714.6	23925.4	24091.5	24224.5	24426.4	24630.2	24836.0	24939.6	25043.6	25148.2	25253.1	25358.6	25464.5
2	198.501	199.000	199.166	199.250	199.300	199.333	199.357	199.375	199.388	199.400	199.416	199.433	199.450	199.458	199.466	199.475	199.483	199.491	199.500
3	55.552	49.799	47.467	46.195	45.392	44.838	44.434	44.126	43.882	43.686	43.387	43.085	42.778	42.622	42.466	42.308	42.149	41.989	41.828
4	31.333	26.284	24.259	23.155	22.456	21.975	21.622	21.352	21.139	20.967	20.705	20.438	20.167	20.030	19.892	19.752	19.611	19.468	19.325
5	22.785	18.314	16.530	15.556	14.940	14.513	14.200	13.961	13.772	13.618	13.384	13.146	12.903	12.780	12.656	12.530	12.402	12.274	12.144
6	18.635	14.544	12.917	12.028	11.464	11.073	10.786	10.566	10.391	10.250	10.034	9.814	9.589	9.474	9.358	9.241	9.122	9.001	8.879
7	16.236	12.404	10.882	10.050	9.522	9.155	8.885	8.678	8.514	8.380	8.176	7.968	7.754	7.645	7.534	7.422	7.309	7.193	7.076
8	14.688	11.042	9.596	8.805	8.302	7.952	7.694	7.496	7.339	7.211	7.015	6.814	6.608	6.503	6.396	6.288	6.177	6.065	5.951
9	13.614	10.107	8.717	7.956	7.471	7.134	6.885	6.693	6.541	6.417	6.227	6.032	5.832	5.729	5.625	5.519	5.410	5.300	5.188
10	12.826	9.427	8.081	7.343	6.872	6.545	6.302	6.116	5.968	5.847	5.661	5.471	5.274	5.173	5.071	4.966	4.859	4.750	4.639
11	12.226	8.912	7.600	6.881	6.422	6.102	5.865	5.682	5.537	5.418	5.236	5.049	4.855	4.756	4.654	4.551	4.445	4.337	4.226
12	11.754	8.510	7.226	6.521	6.071	5.757	5.525	5.345	5.202	5.085	4.906	4.721	4.530	4.431	4.331	4.228	4.123	4.015	3.904
13	11.374	8.186	6.926	6.233	5.791	5.482	5.253	5.076	4.935	4.820	4.643	4.460	4.270	4.173	4.073	3.970	3.866	3.758	3.647
14	11.060	7.922	6.680	5.998	5.562	5.257	5.031	4.857	4.717	4.603	4.428	4.247	4.059	3.961	3.862	3.760	3.655	3.547	3.436
15	10.798	7.701	6.476	5.803	5.372	5.071	4.847	4.674	4.536	4.424	4.250	4.070	3.883	3.786	3.687	3.585	3.480	3.372	3.260
16	10.575	7.514	6.303	5.638	5.212	4.913	4.692	4.521	4.384	4.272	4.099	3.920	3.734	3.638	3.539	3.437	3.332	3.224	3.112
17	10.384	7.354	6.156	5.497	5.075	4.779	4.559	4.389	4.254	4.142	3.971	3.793	3.607	3.511	3.412	3.311	3.206	3.097	2.984
18	10.218	7.215	6.028	5.375	4.956	4.663	4.445	4.276	4.141	4.030	3.860	3.683	3.498	3.402	3.303	3.201	3.096	2.987	2.873
19	10.073	7.093	5.916	5.268	4.853	4.561	4.345	4.177	4.043	3.933	3.763	3.587	3.402	3.306	3.208	3.106	3.000	2.891	2.776
20	9.944	6.986	5.818	5.174	4.762	4.472	4.257	4.090	3.956	3.847	3.678	3.502	3.318	3.222	3.123	3.022	2.916	2.806	2.690
21	9.830	6.891	5.730	5.091	4.681	4.393	4.179	4.013	3.880	3.771	3.602	3.427	3.243	3.147	3.049	2.947	2.841	2.730	2.614
22	9.727	6.806	5.652	5.017	4.609	4.322	4.109	3.944	3.812	3.703	3.535	3.360	3.176	3.081	2.982	2.880	2.774	2.663	2.545
23	9.635	6.730	5.582	4.950	4.544	4.259	4.047	3.882	3.750	3.642	3.475	3.300	3.116	3.021	2.922	2.820	2.713	2.602	2.484
24	9.551	6.661	5.519	4.890	4.486	4.202	3.991	3.826	3.695	3.587	3.420	3.246	3.062	2.967	2.868	2.765	2.658	2.546	2.428
25	9.475	6.598	5.462	4.835	4.433	4.150	3.939	3.776	3.645	3.537	3.370	3.196	3.013	2.918	2.819	2.716	2.609	2.496	2.377
26	9.406	6.541	5.409	4.785	4.384	4.103	3.893	3.730	3.599	3.492	3.325	3.151	2.968	2.873	2.774	2.671	2.563	2.450	2.330
27	9.342	6.489	5.361	4.740	4.340	4.059	3.850	3.687	3.557	3.450	3.284	3.110	2.928	2.832	2.733	2.630	2.522	2.408	2.287
28	9.284	6.440	5.317	4.698	4.300	4.020	3.811	3.649	3.519	3.412	3.246	3.073	2.890	2.794	2.695	2.592	2.483	2.369	2.247
29	9.230	6.396	5.276	4.659	4.262	3.983	3.775	3.613	3.483	3.377	3.211	3.038	2.855	2.759	2.660	2.557	2.448	2.333	2.210
30	9.180	6.355	5.239	4.623	4.228	3.949	3.742	3.580	3.450	3.344	3.179	3.006	2.823	2.727	2.628	2.524	2.415	2.300	2.176
31	9.133	6.317	5.204	4.590	4.196	3.918	3.711	3.549	3.420	3.314	3.149	2.976	2.793	2.697	2.598	2.494	2.385	2.269	2.144
32	9.090	6.281	5.171	4.559	4.166	3.889	3.682	3.521	3.392	3.286	3.121	2.948	2.766	2.670	2.570	2.466	2.356	2.239	2.114
33	9.050	6.248	5.141	4.531	4.138	3.861	3.655	3.495	3.366	3.260	3.095	2.922	2.740	2.644	2.544	2.440	2.330	2.213	2.087
34	9.012	6.217	5.113	4.504	4.112	3.836	3.630	3.470	3.341	3.235	3.071	2.898	2.716	2.620	2.520	2.415	2.305	2.188	2.060
35	8.976	6.188	5.086	4.479	4.088	3.812	3.607	3.447	3.318	3.212	3.048	2.876	2.693	2.597	2.497	2.392	2.282	2.164	2.036
36	8.943	6.161	5.062	4.455	4.065	3.790	3.585	3.425	3.296	3.191	3.027	2.854	2.672	2.576	2.475	2.371	2.260	2.141	2.013
37	8.912	6.135	5.038	4.433	4.043	3.769	3.564	3.404	3.276	3.171	3.007	2.834	2.652	2.556	2.455	2.350	2.239	2.120	1.991
38	8.882	6.111	5.016	4.412	4.023	3.749	3.545	3.385	3.257	3.152	2.988	2.816	2.633	2.537	2.436	2.331	2.220	2.100	1.970
39	8.854	6.088	4.995	4.392	4.004	3.731	3.526	3.367	3.239	3.134	2.970	2.798	2.615	2.519	2.418	2.313	2.201	2.081	1.950
40	8.828	6.066	4.976	4.374	3.986	3.713	3.509	3.350	3.222	3.117	2.953	2.781	2.598	2.502	2.401	2.296	2.184	2.064	1.932
60	8.495	5.795	4.729	4.140	3.760	3.492	3.291	3.134	3.008	2.904	2.742	2.570	2.387	2.290	2.187	2.079	1.962	1.834	1.689
80	8.335	5.665	4.611	4.029	3.652	3.387	3.188	3.032	2.907	2.803	2.642	2.470	2.287	2.188	2.084	1.974	1.854	1.720	1.563
120	8.179	5.539	4.497	3.921	3.548	3.285	3.087	2.933	2.808	2.705	2.544	2.373	2.188	2.089	1.984	1.871	1.747	1.606	1.431
240	8.027	5.417	4.387	3.816	3.447	3.187	2.991	2.837	2.713	2.610	2.450	2.278	2.093	1.993	1.886	1.770	1.640	1.488	1.281
∞	7.879	5.298	4.279	3.715	3.350	3.091	2.897	2.744	2.621	2.519	2.358	2.187	2.000	1.898	1.789	1.669	1.533	1.364	1.000

付表一覧　159

付表5　F分布表(2)

$\alpha = 0.01$

m_2 \ m_1	1	2	3	4	5	6	7	8	9	10	12	15	20	24	30	40	60	120	∞
1	4052.2	4999.5	5403.4	5624.6	5763.7	5859.0	5928.4	5981.1	6022.5	6055.8	6106.3	6157.3	6208.7	6234.6	6260.6	6286.8	6313.0	6339.4	6365.9
2	98.503	99.000	99.166	99.249	99.299	99.333	99.356	99.374	99.388	99.399	99.416	99.433	99.449	99.458	99.466	99.474	99.482	99.491	99.499
3	34.116	30.817	29.457	28.710	28.237	27.911	27.672	27.489	27.345	27.229	27.052	26.872	26.690	26.598	26.505	26.411	26.316	26.221	26.125
4	21.198	18.000	16.694	15.977	15.522	15.207	14.976	14.799	14.659	14.546	14.374	14.198	14.020	13.929	13.838	13.745	13.652	13.558	13.463
5	16.258	13.274	12.060	11.392	10.967	10.672	10.456	10.289	10.158	10.051	9.888	9.722	9.553	9.466	9.379	9.291	9.202	9.112	9.020
6	13.745	10.925	9.780	9.148	8.746	8.466	8.260	8.102	7.976	7.874	7.718	7.559	7.396	7.313	7.229	7.143	7.057	6.969	6.880
7	12.246	9.547	8.451	7.847	7.460	7.191	6.993	6.840	6.719	6.620	6.469	6.314	6.155	6.074	5.992	5.908	5.824	5.737	5.650
8	11.259	8.649	7.591	7.006	6.632	6.371	6.178	6.029	5.911	5.814	5.667	5.515	5.359	5.279	5.198	5.116	5.032	4.946	4.859
9	10.561	8.022	6.992	6.422	6.057	5.802	5.613	5.467	5.351	5.257	5.111	4.962	4.808	4.729	4.649	4.567	4.483	4.398	4.311
10	10.044	7.559	6.552	5.994	5.636	5.386	5.200	5.057	4.942	4.849	4.706	4.558	4.405	4.327	4.247	4.165	4.082	3.996	3.909
11	9.646	7.206	6.217	5.668	5.316	5.069	4.886	4.744	4.632	4.539	4.397	4.251	4.099	4.021	3.941	3.860	3.776	3.690	3.602
12	9.330	6.927	5.953	5.412	5.064	4.821	4.640	4.499	4.388	4.296	4.155	4.010	3.858	3.780	3.701	3.619	3.535	3.449	3.361
13	9.074	6.701	5.739	5.205	4.862	4.620	4.441	4.302	4.191	4.100	3.960	3.815	3.665	3.587	3.507	3.425	3.341	3.255	3.165
14	8.862	6.515	5.564	5.035	4.695	4.456	4.278	4.140	4.030	3.939	3.800	3.656	3.505	3.427	3.348	3.266	3.181	3.094	3.004
15	8.683	6.359	5.417	4.893	4.556	4.318	4.142	4.004	3.895	3.805	3.666	3.522	3.372	3.294	3.214	3.132	3.047	2.959	2.868
16	8.531	6.226	5.292	4.773	4.437	4.202	4.026	3.890	3.780	3.691	3.553	3.409	3.259	3.181	3.101	3.018	2.933	2.845	2.753
17	8.400	6.112	5.185	4.669	4.336	4.102	3.927	3.791	3.682	3.593	3.455	3.312	3.162	3.084	3.003	2.920	2.835	2.746	2.653
18	8.285	6.013	5.092	4.579	4.248	4.015	3.841	3.705	3.597	3.508	3.371	3.227	3.077	2.999	2.919	2.835	2.749	2.660	2.566
19	8.185	5.926	5.010	4.500	4.171	3.939	3.765	3.631	3.523	3.434	3.297	3.153	3.003	2.925	2.844	2.761	2.674	2.584	2.489
20	8.096	5.849	4.938	4.431	4.103	3.871	3.699	3.564	3.457	3.368	3.231	3.088	2.938	2.859	2.778	2.695	2.608	2.517	2.421
21	8.017	5.780	4.874	4.369	4.042	3.812	3.640	3.506	3.398	3.310	3.173	3.030	2.880	2.801	2.720	2.636	2.548	2.457	2.360
22	7.945	5.719	4.817	4.313	3.988	3.758	3.587	3.453	3.346	3.258	3.121	2.978	2.827	2.749	2.667	2.583	2.495	2.403	2.305
23	7.881	5.664	4.765	4.264	3.939	3.710	3.539	3.406	3.299	3.211	3.074	2.931	2.781	2.702	2.620	2.535	2.447	2.354	2.256
24	7.823	5.614	4.718	4.218	3.895	3.667	3.496	3.363	3.256	3.168	3.032	2.889	2.738	2.659	2.577	2.492	2.403	2.310	2.211
25	7.770	5.568	4.675	4.177	3.855	3.627	3.457	3.324	3.217	3.129	2.993	2.850	2.699	2.620	2.538	2.453	2.364	2.270	2.169
26	7.721	5.526	4.637	4.140	3.818	3.591	3.421	3.288	3.182	3.094	2.958	2.815	2.664	2.585	2.503	2.417	2.327	2.233	2.131
27	7.677	5.488	4.601	4.106	3.785	3.558	3.388	3.256	3.149	3.062	2.926	2.783	2.632	2.552	2.470	2.384	2.294	2.198	2.097
28	7.636	5.453	4.568	4.074	3.754	3.528	3.358	3.226	3.120	3.032	2.896	2.753	2.602	2.522	2.440	2.354	2.263	2.167	2.064
29	7.598	5.420	4.538	4.045	3.725	3.499	3.330	3.198	3.092	3.005	2.868	2.726	2.574	2.495	2.412	2.325	2.234	2.138	2.034
30	7.562	5.390	4.510	4.018	3.699	3.473	3.304	3.173	3.067	2.979	2.843	2.700	2.549	2.469	2.386	2.299	2.208	2.111	2.006
31	7.530	5.362	4.484	3.993	3.675	3.449	3.281	3.149	3.043	2.955	2.820	2.677	2.525	2.445	2.362	2.275	2.183	2.086	1.980
32	7.499	5.336	4.459	3.969	3.652	3.427	3.258	3.127	3.021	2.934	2.798	2.655	2.503	2.423	2.340	2.252	2.160	2.062	1.956
33	7.471	5.312	4.437	3.948	3.630	3.406	3.238	3.106	3.000	2.913	2.777	2.634	2.482	2.402	2.319	2.231	2.139	2.040	1.933
34	7.444	5.289	4.416	3.927	3.611	3.386	3.218	3.087	2.981	2.894	2.758	2.615	2.463	2.383	2.299	2.211	2.118	2.019	1.911
35	7.419	5.268	4.396	3.908	3.592	3.368	3.200	3.069	2.963	2.876	2.740	2.597	2.445	2.364	2.281	2.193	2.099	2.000	1.891
36	7.396	5.248	4.377	3.890	3.574	3.351	3.183	3.052	2.946	2.859	2.723	2.580	2.428	2.347	2.263	2.175	2.082	1.981	1.872
37	7.373	5.229	4.360	3.873	3.558	3.334	3.167	3.036	2.930	2.843	2.707	2.564	2.412	2.331	2.247	2.159	2.065	1.964	1.854
38	7.353	5.211	4.343	3.858	3.542	3.319	3.152	3.021	2.915	2.828	2.692	2.549	2.397	2.316	2.232	2.143	2.049	1.947	1.837
39	7.333	5.194	4.327	3.843	3.528	3.305	3.137	3.006	2.901	2.814	2.678	2.535	2.382	2.302	2.217	2.128	2.032	1.932	1.820
40	7.314	5.179	4.313	3.828	3.514	3.291	3.124	2.993	2.888	2.801	2.665	2.522	2.369	2.288	2.203	2.114	2.019	1.917	1.805
60	7.077	4.977	4.126	3.649	3.339	3.119	2.953	2.823	2.718	2.632	2.496	2.352	2.198	2.115	2.028	1.936	1.836	1.726	1.601
80	6.963	4.881	4.036	3.563	3.255	3.036	2.871	2.742	2.637	2.551	2.415	2.271	2.115	2.032	1.944	1.849	1.746	1.630	1.494
120	6.851	4.787	3.949	3.480	3.174	2.956	2.792	2.663	2.559	2.472	2.336	2.192	2.035	1.950	1.860	1.763	1.656	1.533	1.381
240	6.742	4.695	3.864	3.398	3.094	2.878	2.714	2.586	2.482	2.395	2.260	2.114	1.956	1.870	1.778	1.677	1.565	1.432	1.250
∞	6.635	4.605	3.782	3.319	3.017	2.802	2.639	2.511	2.407	2.321	2.185	2.039	1.878	1.791	1.696	1.592	1.473	1.325	1.000

付表 5　F 分布表(3)

$\alpha=0.025$

m_1 \ m_2	1	2	3	4	5	6	7	8	9	10	12	15	20	24	30	40	60	120	∞
1	647.789	799.500	864.163	899.583	921.848	937.111	948.217	956.656	963.285	968.627	976.708	984.867	993.103	997.249	1001.414	1005.598	1009.800	1014.020	1018.258
2	38.506	39.000	39.165	39.248	39.298	39.331	39.355	39.373	39.387	39.398	39.415	39.431	39.448	39.456	39.465	39.473	39.481	39.490	39.498
3	17.443	16.044	15.439	15.101	14.885	14.735	14.624	14.540	14.473	14.419	14.337	14.253	14.167	14.124	14.081	14.037	13.992	13.947	13.902
4	12.218	10.649	9.979	9.605	9.364	9.197	9.074	8.980	8.905	8.844	8.751	8.657	8.560	8.511	8.461	8.411	8.360	8.309	8.257
5	10.007	8.434	7.764	7.388	7.146	6.978	6.853	6.757	6.681	6.619	6.525	6.428	6.329	6.278	6.227	6.175	6.123	6.069	6.015
6	8.813	7.260	6.599	6.227	5.988	5.820	5.695	5.600	5.523	5.461	5.366	5.269	5.168	5.117	5.065	5.012	4.959	4.904	4.849
7	8.073	6.542	5.890	5.523	5.285	5.119	4.995	4.899	4.823	4.761	4.666	4.568	4.467	4.415	4.362	4.309	4.254	4.199	4.142
8	7.571	6.059	5.416	5.053	4.817	4.652	4.529	4.433	4.357	4.295	4.200	4.101	3.999	3.947	3.894	3.840	3.784	3.728	3.670
9	7.209	5.715	5.078	4.718	4.484	4.320	4.197	4.102	4.026	3.964	3.868	3.769	3.667	3.614	3.560	3.505	3.449	3.392	3.333
10	6.937	5.456	4.826	4.468	4.236	4.072	3.950	3.855	3.779	3.717	3.621	3.522	3.419	3.365	3.311	3.255	3.198	3.140	3.080
11	6.724	5.256	4.630	4.275	4.044	3.881	3.759	3.664	3.588	3.526	3.430	3.330	3.226	3.173	3.118	3.061	3.004	2.944	2.883
12	6.554	5.096	4.474	4.121	3.891	3.728	3.607	3.512	3.436	3.374	3.277	3.177	3.073	3.019	2.963	2.906	2.848	2.787	2.725
13	6.414	4.965	4.347	3.996	3.767	3.604	3.483	3.388	3.312	3.250	3.153	3.053	2.948	2.893	2.837	2.780	2.720	2.659	2.595
14	6.298	4.857	4.242	3.892	3.663	3.501	3.380	3.285	3.209	3.147	3.050	2.949	2.844	2.789	2.732	2.674	2.614	2.552	2.487
15	6.200	4.765	4.153	3.804	3.576	3.415	3.293	3.199	3.123	3.060	2.963	2.862	2.756	2.701	2.644	2.585	2.524	2.461	2.395
16	6.115	4.687	4.077	3.729	3.502	3.341	3.219	3.125	3.049	2.986	2.889	2.788	2.681	2.625	2.568	2.509	2.447	2.383	2.316
17	6.042	4.619	4.011	3.665	3.438	3.277	3.156	3.061	2.985	2.922	2.825	2.723	2.616	2.560	2.502	2.442	2.380	2.315	2.247
18	5.978	4.560	3.954	3.608	3.382	3.221	3.100	3.005	2.929	2.866	2.769	2.667	2.559	2.503	2.445	2.384	2.321	2.256	2.187
19	5.922	4.508	3.903	3.559	3.333	3.172	3.051	2.956	2.880	2.817	2.720	2.617	2.509	2.452	2.394	2.333	2.270	2.203	2.133
20	5.871	4.461	3.859	3.515	3.289	3.128	3.007	2.913	2.837	2.774	2.676	2.573	2.464	2.408	2.349	2.287	2.223	2.156	2.085
21	5.827	4.420	3.819	3.475	3.250	3.090	2.969	2.874	2.798	2.735	2.637	2.534	2.425	2.368	2.308	2.246	2.182	2.114	2.042
22	5.786	4.383	3.783	3.440	3.215	3.055	2.934	2.839	2.763	2.700	2.602	2.498	2.389	2.331	2.272	2.210	2.145	2.076	2.003
23	5.750	4.349	3.750	3.408	3.183	3.023	2.902	2.808	2.731	2.668	2.570	2.466	2.357	2.299	2.239	2.176	2.111	2.041	1.968
24	5.717	4.319	3.721	3.379	3.155	2.995	2.874	2.779	2.703	2.640	2.541	2.437	2.327	2.269	2.209	2.146	2.080	2.010	1.935
25	5.686	4.291	3.694	3.353	3.129	2.969	2.848	2.753	2.677	2.613	2.515	2.411	2.300	2.242	2.182	2.118	2.052	1.981	1.906
26	5.659	4.265	3.670	3.329	3.105	2.945	2.824	2.729	2.653	2.590	2.491	2.387	2.276	2.217	2.157	2.093	2.026	1.954	1.878
27	5.633	4.242	3.647	3.307	3.083	2.923	2.802	2.707	2.631	2.568	2.469	2.364	2.253	2.195	2.133	2.069	2.002	1.930	1.853
28	5.610	4.221	3.626	3.286	3.063	2.903	2.782	2.687	2.611	2.547	2.448	2.344	2.232	2.174	2.112	2.048	1.980	1.907	1.829
29	5.588	4.201	3.607	3.267	3.044	2.884	2.763	2.669	2.592	2.529	2.430	2.325	2.213	2.154	2.092	2.028	1.959	1.886	1.807
30	5.568	4.182	3.589	3.250	3.026	2.867	2.746	2.651	2.575	2.511	2.412	2.307	2.195	2.136	2.074	2.009	1.940	1.866	1.787
31	5.549	4.165	3.573	3.234	3.010	2.851	2.730	2.635	2.558	2.495	2.396	2.291	2.178	2.119	2.057	1.991	1.922	1.848	1.768
32	5.531	4.149	3.557	3.218	2.995	2.836	2.715	2.620	2.543	2.480	2.381	2.275	2.163	2.103	2.041	1.975	1.905	1.831	1.750
33	5.515	4.134	3.543	3.204	2.981	2.822	2.701	2.606	2.529	2.466	2.366	2.261	2.148	2.088	2.026	1.960	1.890	1.815	1.733
34	5.499	4.120	3.529	3.191	2.968	2.808	2.688	2.593	2.516	2.453	2.353	2.248	2.135	2.075	2.012	1.946	1.875	1.799	1.717
35	5.485	4.106	3.517	3.179	2.956	2.796	2.676	2.581	2.504	2.440	2.341	2.235	2.122	2.062	1.999	1.932	1.861	1.785	1.702
36	5.471	4.094	3.505	3.167	2.944	2.785	2.664	2.569	2.492	2.429	2.329	2.223	2.110	2.049	1.986	1.919	1.848	1.772	1.687
37	5.458	4.082	3.493	3.156	2.933	2.774	2.653	2.558	2.481	2.418	2.318	2.212	2.098	2.038	1.974	1.907	1.836	1.759	1.674
38	5.446	4.071	3.483	3.145	2.923	2.763	2.643	2.548	2.471	2.407	2.307	2.201	2.088	2.027	1.963	1.896	1.824	1.747	1.661
39	5.435	4.061	3.473	3.135	2.913	2.754	2.633	2.538	2.461	2.397	2.298	2.191	2.077	2.017	1.953	1.885	1.813	1.735	1.649
40	5.424	4.051	3.463	3.126	2.904	2.744	2.624	2.529	2.452	2.388	2.288	2.182	2.068	2.007	1.943	1.875	1.803	1.724	1.637
60	5.286	3.925	3.343	3.008	2.786	2.627	2.507	2.412	2.334	2.270	2.169	2.061	1.944	1.882	1.815	1.744	1.667	1.581	1.482
80	5.218	3.864	3.284	2.950	2.730	2.571	2.450	2.355	2.277	2.213	2.111	2.003	1.884	1.820	1.752	1.679	1.599	1.508	1.400
120	5.152	3.805	3.227	2.894	2.674	2.515	2.395	2.299	2.222	2.157	2.055	1.945	1.825	1.760	1.690	1.614	1.530	1.433	1.310
240	5.088	3.746	3.171	2.839	2.620	2.461	2.341	2.245	2.167	2.102	1.999	1.888	1.766	1.700	1.628	1.549	1.460	1.354	1.206
∞	5.024	3.689	3.116	2.786	2.567	2.408	2.288	2.192	2.114	2.048	1.945	1.833	1.708	1.640	1.566	1.484	1.388	1.268	1.000

付表5　F分布表(4)

$\alpha = 0.05$

m_2 \ m_1	1	2	3	4	5	6	7	8	9	10	12	15	20	24	30	40	60	120	∞
1	161.448	199.500	215.707	224.583	230.162	233.986	236.768	238.883	240.543	241.882	243.906	245.950	248.013	249.052	250.095	251.143	252.196	253.253	254.314
2	18.513	19.000	19.164	19.247	19.296	19.330	19.353	19.371	19.385	19.396	19.413	19.429	19.446	19.454	19.462	19.471	19.479	19.487	19.496
3	10.128	9.552	9.277	9.117	9.013	8.941	8.887	8.845	8.812	8.786	8.745	8.703	8.660	8.639	8.617	8.594	8.572	8.549	8.526
4	7.709	6.944	6.591	6.388	6.256	6.163	6.094	6.041	5.999	5.964	5.912	5.858	5.803	5.774	5.746	5.717	5.688	5.658	5.628
5	6.608	5.786	5.409	5.192	5.050	4.950	4.876	4.818	4.772	4.735	4.678	4.619	4.558	4.527	4.496	4.464	4.431	4.398	4.365
6	5.987	5.143	4.757	4.534	4.387	4.284	4.207	4.147	4.099	4.060	4.000	3.938	3.874	3.841	3.808	3.774	3.740	3.705	3.669
7	5.591	4.737	4.347	4.120	3.972	3.866	3.787	3.726	3.677	3.637	3.575	3.511	3.445	3.410	3.376	3.340	3.304	3.267	3.230
8	5.318	4.459	4.066	3.838	3.687	3.581	3.500	3.438	3.388	3.347	3.284	3.218	3.150	3.115	3.079	3.043	3.005	2.967	2.928
9	5.117	4.256	3.863	3.633	3.482	3.374	3.293	3.230	3.179	3.137	3.073	3.006	2.936	2.900	2.864	2.826	2.787	2.748	2.707
10	4.965	4.103	3.708	3.478	3.326	3.217	3.135	3.072	3.020	2.978	2.913	2.845	2.774	2.737	2.700	2.661	2.621	2.580	2.538
11	4.844	3.982	3.587	3.357	3.204	3.095	3.012	2.948	2.896	2.854	2.788	2.719	2.646	2.609	2.570	2.531	2.490	2.448	2.404
12	4.747	3.885	3.490	3.259	3.106	2.996	2.913	2.849	2.796	2.753	2.687	2.617	2.544	2.505	2.466	2.426	2.384	2.341	2.296
13	4.667	3.806	3.411	3.179	3.025	2.915	2.832	2.767	2.714	2.671	2.604	2.533	2.459	2.420	2.380	2.339	2.297	2.252	2.206
14	4.600	3.739	3.344	3.112	2.958	2.848	2.764	2.699	2.646	2.602	2.534	2.463	2.388	2.349	2.308	2.266	2.223	2.178	2.131
15	4.543	3.682	3.287	3.056	2.901	2.790	2.707	2.641	2.588	2.544	2.475	2.403	2.328	2.288	2.247	2.204	2.160	2.114	2.066
16	4.494	3.634	3.239	3.007	2.852	2.741	2.657	2.591	2.538	2.494	2.425	2.352	2.276	2.235	2.194	2.151	2.106	2.059	2.010
17	4.451	3.592	3.197	2.965	2.810	2.699	2.614	2.548	2.494	2.450	2.381	2.308	2.230	2.190	2.148	2.104	2.058	2.011	1.960
18	4.414	3.555	3.160	2.928	2.773	2.661	2.577	2.510	2.456	2.412	2.342	2.269	2.191	2.150	2.107	2.063	2.017	1.968	1.917
19	4.381	3.522	3.127	2.895	2.740	2.628	2.544	2.477	2.423	2.378	2.308	2.234	2.155	2.114	2.071	2.026	1.980	1.930	1.878
20	4.351	3.493	3.098	2.866	2.711	2.599	2.514	2.447	2.393	2.348	2.278	2.203	2.124	2.082	2.039	1.994	1.946	1.896	1.843
21	4.325	3.467	3.072	2.840	2.685	2.573	2.488	2.420	2.366	2.321	2.250	2.176	2.096	2.054	2.010	1.965	1.916	1.866	1.812
22	4.301	3.443	3.049	2.817	2.661	2.549	2.464	2.397	2.342	2.297	2.226	2.151	2.071	2.028	1.984	1.938	1.889	1.838	1.783
23	4.279	3.422	3.028	2.796	2.640	2.528	2.442	2.375	2.320	2.275	2.204	2.128	2.048	2.005	1.961	1.914	1.865	1.813	1.757
24	4.260	3.403	3.009	2.776	2.621	2.508	2.423	2.355	2.300	2.255	2.183	2.108	2.027	1.984	1.939	1.892	1.842	1.790	1.733
25	4.242	3.385	2.991	2.759	2.603	2.490	2.405	2.337	2.282	2.236	2.165	2.089	2.007	1.964	1.919	1.872	1.822	1.768	1.711
26	4.225	3.369	2.975	2.743	2.587	2.474	2.388	2.321	2.265	2.220	2.148	2.072	1.990	1.946	1.901	1.853	1.803	1.749	1.691
27	4.210	3.354	2.960	2.728	2.572	2.459	2.373	2.305	2.250	2.204	2.132	2.056	1.974	1.930	1.884	1.836	1.785	1.731	1.672
28	4.196	3.340	2.947	2.714	2.558	2.445	2.359	2.291	2.236	2.190	2.118	2.041	1.959	1.915	1.869	1.820	1.769	1.714	1.654
29	4.183	3.328	2.934	2.701	2.545	2.432	2.346	2.278	2.223	2.177	2.104	2.027	1.945	1.901	1.854	1.806	1.754	1.698	1.638
30	4.171	3.316	2.922	2.690	2.534	2.421	2.334	2.266	2.211	2.165	2.092	2.015	1.932	1.887	1.841	1.792	1.740	1.683	1.622
31	4.160	3.305	2.911	2.679	2.523	2.409	2.323	2.255	2.199	2.153	2.080	2.003	1.920	1.875	1.828	1.779	1.726	1.670	1.608
32	4.149	3.295	2.901	2.668	2.512	2.399	2.313	2.244	2.189	2.142	2.070	1.992	1.908	1.864	1.817	1.767	1.714	1.657	1.594
33	4.139	3.285	2.892	2.659	2.503	2.389	2.303	2.235	2.179	2.133	2.060	1.982	1.898	1.853	1.806	1.756	1.702	1.645	1.581
34	4.130	3.276	2.883	2.650	2.494	2.380	2.294	2.225	2.170	2.123	2.050	1.972	1.888	1.843	1.795	1.745	1.691	1.633	1.569
35	4.121	3.267	2.874	2.641	2.485	2.372	2.285	2.217	2.161	2.114	2.041	1.963	1.878	1.833	1.786	1.735	1.681	1.623	1.558
36	4.113	3.259	2.866	2.634	2.477	2.364	2.277	2.209	2.153	2.106	2.033	1.954	1.870	1.824	1.776	1.726	1.671	1.612	1.547
37	4.105	3.252	2.859	2.626	2.470	2.356	2.270	2.201	2.145	2.098	2.025	1.946	1.861	1.816	1.768	1.717	1.662	1.603	1.537
38	4.098	3.245	2.852	2.619	2.463	2.349	2.262	2.194	2.138	2.091	2.017	1.939	1.853	1.808	1.760	1.708	1.653	1.594	1.527
39	4.091	3.238	2.845	2.612	2.456	2.342	2.255	2.187	2.131	2.084	2.010	1.931	1.846	1.800	1.752	1.700	1.645	1.585	1.518
40	4.085	3.232	2.839	2.606	2.449	2.336	2.249	2.180	2.124	2.077	2.003	1.924	1.839	1.793	1.744	1.693	1.637	1.577	1.509
60	4.001	3.150	2.758	2.525	2.368	2.254	2.167	2.097	2.040	1.993	1.917	1.836	1.748	1.700	1.649	1.594	1.534	1.467	1.389
80	3.960	3.111	2.719	2.486	2.329	2.214	2.126	2.056	1.999	1.951	1.875	1.793	1.703	1.654	1.602	1.545	1.482	1.411	1.325
120	3.920	3.072	2.680	2.447	2.290	2.175	2.087	2.016	1.959	1.910	1.834	1.750	1.659	1.608	1.554	1.495	1.429	1.352	1.254
240	3.880	3.033	2.642	2.409	2.252	2.136	2.048	1.977	1.919	1.870	1.793	1.708	1.614	1.563	1.507	1.445	1.375	1.290	1.170
∞	3.841	2.996	2.605	2.372	2.214	2.099	2.010	1.938	1.880	1.831	1.752	1.666	1.571	1.517	1.459	1.394	1.318	1.221	1.000

付表 5　F 分布表 (5)

$\alpha = 0.1$

$m_2 \backslash m_1$	1	2	3	4	5	6	7	8	9	10	12	15	20	24	30	40	60	120	∞
1	39.863	49.500	53.593	55.833	57.240	58.204	58.906	59.439	59.858	60.195	60.705	61.220	61.740	62.002	62.265	62.529	62.794	63.061	63.328
2	8.526	9.000	9.162	9.243	9.293	9.326	9.349	9.367	9.381	9.392	9.408	9.425	9.441	9.450	9.458	9.466	9.475	9.483	9.491
3	5.538	5.462	5.391	5.343	5.309	5.285	5.266	5.252	5.240	5.230	5.216	5.200	5.184	5.176	5.168	5.160	5.151	5.143	5.134
4	4.545	4.325	4.191	4.107	4.051	4.010	3.979	3.955	3.936	3.920	3.896	3.870	3.844	3.831	3.817	3.804	3.790	3.775	3.761
5	4.060	3.780	3.619	3.520	3.453	3.405	3.368	3.339	3.316	3.297	3.268	3.238	3.207	3.191	3.174	3.157	3.140	3.123	3.105
6	3.776	3.463	3.289	3.181	3.108	3.055	3.014	2.983	2.958	2.937	2.905	2.871	2.836	2.818	2.800	2.781	2.762	2.742	2.722
7	3.589	3.257	3.074	2.961	2.883	2.827	2.785	2.752	2.725	2.703	2.668	2.632	2.595	2.575	2.555	2.535	2.514	2.493	2.471
8	3.458	3.113	2.924	2.806	2.726	2.668	2.624	2.589	2.561	2.538	2.502	2.464	2.425	2.404	2.383	2.361	2.339	2.316	2.293
9	3.360	3.006	2.813	2.693	2.611	2.551	2.505	2.469	2.440	2.416	2.379	2.340	2.298	2.277	2.255	2.232	2.208	2.184	2.159
10	3.285	2.924	2.728	2.605	2.522	2.461	2.414	2.377	2.347	2.323	2.284	2.244	2.201	2.178	2.155	2.132	2.107	2.082	2.055
11	3.225	2.860	2.660	2.536	2.451	2.389	2.342	2.304	2.274	2.248	2.209	2.167	2.123	2.100	2.076	2.052	2.026	2.000	1.972
12	3.177	2.807	2.606	2.480	2.394	2.331	2.283	2.245	2.214	2.188	2.147	2.105	2.060	2.036	2.011	1.986	1.960	1.932	1.904
13	3.136	2.763	2.560	2.434	2.347	2.283	2.234	2.195	2.164	2.138	2.097	2.053	2.007	1.983	1.958	1.931	1.904	1.876	1.846
14	3.102	2.726	2.522	2.395	2.307	2.243	2.193	2.154	2.122	2.095	2.054	2.010	1.962	1.938	1.912	1.885	1.857	1.828	1.797
15	3.073	2.695	2.490	2.361	2.273	2.208	2.158	2.119	2.086	2.059	2.017	1.972	1.924	1.899	1.873	1.845	1.817	1.787	1.755
16	3.048	2.668	2.462	2.333	2.244	2.178	2.128	2.088	2.055	2.028	1.985	1.940	1.891	1.866	1.839	1.811	1.782	1.751	1.718
17	3.026	2.645	2.437	2.308	2.218	2.152	2.102	2.061	2.028	2.001	1.958	1.912	1.862	1.836	1.809	1.781	1.751	1.719	1.686
18	3.007	2.624	2.416	2.286	2.196	2.130	2.079	2.038	2.005	1.977	1.933	1.887	1.837	1.810	1.783	1.754	1.723	1.691	1.657
19	2.990	2.606	2.397	2.266	2.176	2.109	2.058	2.017	1.984	1.956	1.912	1.865	1.814	1.787	1.759	1.730	1.699	1.666	1.631
20	2.975	2.589	2.380	2.249	2.158	2.091	2.040	1.999	1.965	1.937	1.892	1.845	1.794	1.767	1.738	1.708	1.677	1.643	1.607
21	2.961	2.575	2.365	2.233	2.142	2.075	2.023	1.982	1.948	1.920	1.875	1.827	1.776	1.748	1.719	1.689	1.657	1.623	1.586
22	2.949	2.561	2.351	2.219	2.128	2.060	2.008	1.967	1.933	1.904	1.859	1.811	1.759	1.731	1.702	1.671	1.639	1.604	1.567
23	2.937	2.549	2.339	2.207	2.115	2.047	1.995	1.953	1.919	1.890	1.845	1.796	1.744	1.716	1.686	1.655	1.622	1.587	1.549
24	2.927	2.538	2.327	2.195	2.103	2.035	1.983	1.941	1.906	1.877	1.832	1.783	1.730	1.702	1.672	1.641	1.607	1.571	1.533
25	2.918	2.528	2.317	2.184	2.092	2.024	1.971	1.929	1.895	1.866	1.820	1.771	1.718	1.689	1.659	1.627	1.593	1.557	1.518
26	2.909	2.519	2.307	2.174	2.082	2.014	1.961	1.919	1.884	1.855	1.809	1.760	1.706	1.677	1.647	1.615	1.581	1.544	1.504
27	2.901	2.511	2.299	2.165	2.073	2.005	1.952	1.909	1.874	1.845	1.799	1.749	1.695	1.666	1.636	1.603	1.569	1.531	1.491
28	2.894	2.503	2.291	2.157	2.064	1.996	1.943	1.900	1.865	1.836	1.790	1.740	1.685	1.656	1.625	1.592	1.558	1.520	1.478
29	2.887	2.495	2.283	2.149	2.057	1.988	1.935	1.892	1.857	1.827	1.781	1.731	1.676	1.647	1.616	1.583	1.547	1.509	1.467
30	2.881	2.489	2.276	2.142	2.049	1.980	1.927	1.884	1.849	1.819	1.773	1.722	1.667	1.638	1.606	1.573	1.538	1.499	1.456
31	2.875	2.482	2.270	2.136	2.042	1.973	1.920	1.877	1.842	1.812	1.765	1.714	1.659	1.630	1.598	1.565	1.529	1.489	1.446
32	2.869	2.477	2.263	2.129	2.036	1.967	1.913	1.870	1.835	1.805	1.758	1.707	1.652	1.622	1.590	1.556	1.520	1.481	1.437
33	2.864	2.471	2.258	2.123	2.030	1.961	1.907	1.864	1.828	1.799	1.751	1.700	1.645	1.615	1.583	1.549	1.512	1.472	1.428
34	2.859	2.466	2.252	2.118	2.024	1.955	1.901	1.858	1.822	1.793	1.745	1.694	1.638	1.608	1.576	1.541	1.505	1.464	1.419
35	2.855	2.461	2.247	2.113	2.019	1.950	1.896	1.852	1.817	1.787	1.739	1.688	1.632	1.601	1.569	1.535	1.497	1.457	1.411
36	2.850	2.456	2.243	2.108	2.014	1.945	1.891	1.847	1.811	1.781	1.734	1.682	1.626	1.595	1.563	1.528	1.491	1.450	1.404
37	2.846	2.452	2.238	2.103	2.009	1.940	1.886	1.842	1.806	1.776	1.729	1.677	1.620	1.590	1.557	1.522	1.484	1.443	1.397
38	2.842	2.448	2.234	2.099	2.005	1.935	1.881	1.838	1.802	1.772	1.724	1.672	1.615	1.584	1.551	1.516	1.478	1.437	1.390
39	2.839	2.444	2.230	2.095	2.001	1.931	1.877	1.833	1.797	1.767	1.719	1.667	1.610	1.579	1.546	1.511	1.473	1.431	1.383
40	2.835	2.440	2.226	2.091	1.997	1.927	1.873	1.829	1.793	1.763	1.715	1.662	1.605	1.574	1.541	1.506	1.467	1.425	1.377
60	2.791	2.393	2.177	2.041	1.946	1.875	1.819	1.775	1.738	1.707	1.657	1.603	1.543	1.511	1.476	1.437	1.395	1.348	1.291
80	2.769	2.370	2.154	2.016	1.921	1.849	1.793	1.748	1.711	1.680	1.629	1.574	1.513	1.479	1.443	1.403	1.358	1.307	1.245
120	2.748	2.347	2.130	1.992	1.896	1.824	1.767	1.722	1.684	1.652	1.601	1.545	1.482	1.447	1.409	1.368	1.320	1.265	1.193
240	2.727	2.325	2.107	1.968	1.871	1.799	1.742	1.696	1.658	1.625	1.573	1.516	1.451	1.415	1.376	1.332	1.281	1.219	1.130
∞	2.706	2.303	2.084	1.945	1.847	1.774	1.717	1.670	1.632	1.599	1.546	1.487	1.421	1.383	1.342	1.295	1.240	1.169	1.000

付表6　乱　数　表

1	78	44	49	86	37	27	98	23	00	56	32	54	68	28	52	27	75	44	22	50
2	99	33	67	75	59	20	04	44	52	40	15	12	01	10	79	58	73	53	35	90
3	38	51	64	06	10	42	83	86	78	87	91	70	48	46	52	37	46	83	58	78
4	45	96	10	96	71	33	00	87	82	21	10	86	37	20	92	79	72	32	84	57
5	75	40	42	25	07	91	34	05	01	27	56	61	62	02	55	31	56	20	99	07
6	67	11	09	48	69	73	75	41	78	51	49	22	16	34	03	13	05	57	36	33
7	67	41	90	15	31	09	35	59	41	39	12	06	34	50	72	04	71	46	53	57
8	78	26	74	41	45	63	52	13	46	20	47	59	65	38	38	41	70	72	30	57
9	32	19	10	89	48	80	55	77	99	11	53	22	36	49	68	86	30	14	65	29
10	45	72	14	75	85	82	82	67	17	38	64	99	33	89	27	84	22	86	15	93
11	74	93	17	80	38	45	17	17	73	11	45	43	87	40	80	00	12	35	35	06
12	54	32	82	40	74	47	94	68	61	71	21	27	73	48	33	69	10	13	77	36
13	34	18	43	76	96	49	68	55	22	20	02	65	25	40	61	54	13	54	59	37
14	04	70	61	78	89	70	52	36	26	04	56	26	38	89	04	79	76	22	82	53
15	38	69	83	65	75	38	85	58	51	23	53	48	10	01	51	99	93	52	12	68
16	70	55	98	92	83	19	21	21	49	16	39	86	35	90	84	17	86	49	69	69
17	97	93	30	87	59	46	50	05	65	07	16	52	57	36	76	20	93	09	84	05
18	31	55	49	69	71	33	78	48	44	89	26	10	16	44	68	89	24	45	17	72
19	30	92	80	82	85	51	29	07	12	35	50	46	84	98	62	41	57	53	88	83
20	98	05	49	50	09	02	60	91	20	80	61	38	79	12	88	21	61	05	05	28
21	05	89	66	75	96	29	94	59	84	41	17	55	03	30	03	86	34	96	35	93
22	97	11	78	69	23	62	54	49	02	06	29	06	91	56	12	23	06	04	69	67
23	23	04	34	39	76	43	35	32	07	59	09	66	42	03	55	48	78	18	24	02
24	32	88	65	68	41	50	09	06	16	28	90	18	88	22	10	49	46	51	46	12
25	67	33	08	69	08	16	48	99	17	64	97	41	78	47	21	29	70	29	73	60
26	81	87	77	79	05	71	21	60	18	19	99	43	52	38	78	21	82	03	78	27
27	77	53	75	79	47	06	64	27	84	22	48	87	17	45	15	07	43	24	82	16
28	57	89	89	98	27	04	09	74	30	38	78	08	74	28	25	29	29	79	18	33
29	25	67	87	71	97	77	01	81	03	56	13	70	60	50	24	72	84	57	00	49
30	50	51	45	14	18	67	36	15	10	22	22	91	13	54	24	25	58	20	02	83
31	41	82	06	87	80	83	75	74	64	62	29	82	12	44	11	54	97	78	47	20
32	09	85	92	32	79	79	06	98	73	35	86	16	90	53	40	48	14	97	48	08
33	57	71	05	35	70	34	62	30	91	00	53	30	50	06	84	55	06	92	41	51
34	82	06	47	67	80	00	66	49	22	70	24	02	17	29	31	14	48	94	36	04
35	17	95	30	06	09	12	32	93	06	22	66	84	22	05	61	93	41	50	50	56
36	43	46	00	95	62	09	30	88	39	88	20	02	31	13	03	92	46	67	14	88
37	35	75	88	47	75	20	60	49	39	06	08	76	61	95	04	84	23	22	51	96
38	12	35	29	61	10	48	36	45	19	52	57	91	61	96	87	63	30	00	39	04
39	11	89	13	90	53	66	45	71	08	61	87	04	18	80	66	96	35	63	46	07
40	76	54	45	07	71	24	69	63	12	03	65	47	78	11	01	86	51	94	90	01
41	00	86	28	06	20	84	01	97	53	50	68	38	04	13	86	91	02	19	85	28
42	74	76	84	09	65	34	72	55	62	50	93	25	55	49	06	96	52	31	40	59
43	63	84	36	95	72	55	80	54	55	68	86	92	06	45	95	25	10	94	20	44
44	48	12	39	00	18	85	07	95	37	06	87	51	38	88	43	13	77	46	77	53
45	20	60	42	30	81	15	91	68	38	07	62	80	58	20	57	37	16	94	72	62
46	13	21	96	10	19	44	85	86	65	73	39	03	29	04	84	41	90	12	94	67
47	12	84	54	72	64	49	28	29	77	84	68	33	73	25	97	71	50	59	01	93
48	57	38	76	05	17	12	22	20	41	50	80	28	36	19	26	50	58	94	96	50
49	25	18	75	82	37	16	01	46	18	22	88	05	86	29	37	96	78	96	32	89
50	10	88	94	70	04	94	71	34	12	49	95	71	77	03	14	88	45	47	37	75

索　引

ア行

一元配置法　131
一元分散分析表　132
一様分布　88
一致性　115
移動平均　31
因子　131
F 分布　105
円グラフ Pie chart　17
折れ線グラフ　14

カ行

回帰　133
回帰係数　138
階級値（級心）　10
χ^2 分布　103
確率の公理　78
確率分布　87
確率変数　87
加重算術平均 Weighted mean　22
仮説検定　117, 121
片側検定　119
加法定理　80
間隔尺度　7, 8
関連係数　63
機会　77
幾何平均 Geometric mean　26
棄却域　119
記述統計　9
期待値と分散に関する定理　96
帰無仮説 H_0　117

客観確率　77

級間隔　10
級間変動　131
級内変動　131
境界値（有意点）　121
共分散　67
寄与度　57
寄与率　57
切り落し平均 Trimmed mean　29
空集合 ϕ　79
偶然誤差　99
区間推定　107, 112, 113
クラス（階級，級）　10
経験確率　77
系統誤差　99
系統抽出法　99
決定係数　137, 148
原因の確率　84
検出力（power）　121
5点表示　41
個別指数　46

サ行

最小二乗法　134
最頻値 Mode　19, 30
3シグマのルール　41
算術平均（値）　22, 30
散布図　66
時系列データ　31
事後確率　84
時差相関係数　72
指数 Index　43

事前確率　84
実験配置法　131
実測値　139, 140
質的データ　7
重回帰式　140
重回帰分析　139, 142
重相関係数　148
従属変数　134
自由度　103
自由度修正済決定係数　138
十分位点 Decile　21
主観確率　78
順位尺度　7, 8
循環図　53
準四分位範囲 SQD　34
純無作為抽出法　99
条件付確率　80
消費者物価指数 CPI　46
小標本（少数例）　109, 111
情報 Information　3, 4
乗法定理　82
信頼区間　108
信頼限界　108
信頼性　3
四分位範囲 QD　34
四分位点 Quartile　21
推定　107
推定誤差　113
推定値　100
推定量　100
スタージスの「公式」　12
スチューデントの t 分布　104
スピアマンの順位相関係数　73
正確性　3
正規分布　92
積事象　80
説明変数　134, 146

線形単回帰直線　134
千分比　43
層 strata　100
層化抽出法　100
相関係数 r　65, 129
相関分析　65
総合指数　46
相対度数（相対頻度）　13
総和　22

タ行

第1四分位点 Q1　21
第2四分位点 Q2　21
第3四分位点 Q3　21
代表値　19
大標本　109, 110
対立仮説　117
多段抽出法　99
ダミー変数　149
多峰分布　19
単峰分布　19
単回帰分析　133
中央値 Median　20, 30
柱状グラフ（ヒストグラム）　13
中心極限定理　101
超幾何分布　91
調和平均 Harmonic mean　26
積み重ねグラフ　18
t 分布　104
データ Date　7
適合度検定　127
デジタルグラフ　15
点推定　107, 114
等間隔抽出法　99
統計 Statistics　3
統計的検定　117, 142
統計的独立　83

統計量　100
独立性の検定　127
独立変数　134
度数（頻度）　13
度数分布表　10

ナ行

二元配置法　131
二項分布　88
2種類の過誤（エラー）　118

ハ行

パーシェ式（P式）　51
排反事象　79
箱ひげ図　41
範囲 Range　10, 33
被説明変数　134
百分率 Percent　43
標識　97
標準化変量 Z scores　39
標準誤差　100, 113
標準偏差 σ　35
標本　4, 97
標本空間　78
標本比率　102
標本分布　97, 100
比率尺度　7, 9
頻度確率　77
フィッシャー式（F式）　51
複（双）峰分布　19
不偏性　114
不偏推定量　114
分位点 Percentaile　20
分割表　63, 127
分散　35, 129
分散共分散行列　140
分散分析 ANOVA　131

平均値（の検定）　122, 123
平均偏差 MD　35
ベイズの定理　83
平方平均 Quadratic mean　28
ベータ　148
ベルヌーイ試行　89
ベルヌーイ分布　88
変化率　54
変数　87
変動係数 CV　38
ポアソン分布　90
棒グラフ　16
母集団　4, 97
母数　パラメータ　98, 107
母比率　102, 125

マ行

万分比　43
無相関　65
名義尺度　7, 8

ヤ行

有意水準　118
有限母集団修正係数　101
有効性　115
余事象　79
予測誤差　140

ラ行

ラスパイレス式（L式）　51
ランダム　87
離散型確率分布　87
両側検定　119
量的データ　7
累積相対度数（累積相対頻度）　13
連続型確率分布　88

藤江昌嗣（ふじえ まさつぐ）

1954年釧路市生まれ。1978年京都大学経済学部卒業，日本鋼管株式会社（福山製鉄所勤務）を経て，1980年神戸大学同研究科博士後期課程入学，1984年同課程退学。1984年岩手大学人文社会科学部専任講師，1987年東京農工大学農学部助教授，1992年明治大学経営学部助教授，1993年同大学教授，1994年京都大学博士（経済学），2000〜02年ポートランド州立大学客員教授。現在，明治大学マネジメント・オブ・サスティナブル研究所所長，経営学部専任教授。経済学博士。〈専攻〉統計学・経済学 〈主要著書〉単著―『新ビジネス・エコノミクス』（学文社，2016年），『移転価格税制と地方税還付』（中央経済社，1993年），共著―『アジアからの戦略的思考と新地政学』（芙蓉書房，2015年），『日本経済の分析と統計（統計と社会経済分析（3））』（北海道大学出版会，2002年），『テクノ・グローカリゼーション』（梓出版社，2005年），共訳―マイケル・スミス著『プログラム評価入門』（梓出版社，2009年）他

新 ビジネス・スタティスティクス

2016年5月26日　第1刷発行

著　者　藤 江 昌 嗣
発行者　坂 本 喜 杏
発行所　株式会社冨山房インターナショナル
　　　　〒101-0051
　　　　東京都千代田区神田神保町1-3
　　　　TEL 03（3291）2578
　　　　FAX 03（3219）4866
　　　　URL:www.fuzambo-intl.com
印　刷　株式会社冨山房インターナショナル
製　本　加藤製本株式会社

©Masatsugu Fujie 2016 Printed in Japan
（落丁・乱丁本はお取り替えいたします）
ISBN 978-4-86600-010-7 C3033